今すぐ使えるかんたん

DaVinci Resolve

ダビンチリゾルブ

やさしい入門

Version 18.6 対応

Imasugu Tsukaeru Kantan Series
DaVinci Resolve
Yasashii-Nyumon

Windows & Mac 対応

技術評論社

本書をお読みになる前に

● 本書に記載された内容は、情報の提供のみを目的としています。したがって、本書を用いた運用は、必ずお客様自身の責任と判断によって行ってください。ソフトウェアの操作や掲載されているプログラム等の実行結果など、これらの運用の結果について、技術評論社および著者、サービス提供者はいかなる責任も負いません。

● 本書記載の情報は、2024年2月現在のものを掲載しています。ご利用時には変更されている場合もあります。ソフトウェア等はバージョンアップされる場合があり、本書での説明とは機能内容や画面図などが異なってしまうこともあり得ます。本書ご購入の前に、必ずバージョン番号をご確認ください。

● 本書の内容は、以下の環境で動作を検証しています。
DaVinci Resolve（バージョン18.6）
Windows 11 Home（バージョン23H2）
macOS Sonoma（バージョン14.3.1）

※本書の画面は、macOS版のDaVinci Resolveを使用しています。

● 本書が提供するサンプルファイルに含まれる素材は、本書を利用してのDaVinci Resolveの操作を学習する目的においてのみ使用可能です。素材の再配布・公序良俗に反するコンテンツにおける使用・違法、虚偽、中傷を含むコンテンツにおける使用、その他著作権・肖像権を侵害する行為、商用・非商用においての二次利用を禁止します。

● ショートカットキーの表記は、macOS版DaVinci Resolveのものを記載しています。Windows版DaVinci Resolveで異なるキーを使用する場合は、（）内に補足で記載しています。

以上の注意事項をご承諾いただいた上で、本書をご利用願います。これらの注意事項をお読みいただかずにお問い合わせいただいても、技術評論社および著者、サービス提供者は対処しかねます。あらかじめ、ご承知おきください。

はじめに

私が映像制作を生業としておよそ20年が経ちました。

以前は撮影・編集機材が高額でハードルが高かった動画制作も、一眼カメラの進化、スマートフォンの普及、SNSなど発表できるプラットフォームが揃い、新しいコミュケーションツールとして「動画は当たり前」の時代になりました。

難しいとされていた編集作業も、YouTubeなどでのTips動画やインターネット上の情報である程度学べるというのも、何も情報がない中で勉強してきた筆者にとって、現代の環境はとても羨ましく感じます。

本来はポストプロダクション（編集スタジオ）の中のカラーグレーディングのシステムだったDaVinci Resolveですが、Blackmagic Designが買取り、映像の編集機能、VFXの合成機能、音声の整音機能などを追加し、現在ではAdobeのPremiere ProやAppleのFinal Cut Proなどのソフトウェアに負けずとも劣らない編集ソフトウェアとして注目され、ユーザーが増えています。

また、DaVinci Resolveはプロユースでも使えるレベルの機能が無償版でも使用できるため、動画を始めた方で使われる方も多いソフトウェアです。

私は現在、本業の映像制作業の傍ら、DaVinci Resolveの認定トレーナーとして編集やカラーグレーディング作業を教えたり、映像制作技術の講師としても活動したりしています。その中でゼロから映像制作を教える際には必ず編集作業を最初に学んでいただいています。「ゴール（完成系）から遡って考える」ということが映像制作にはとても大切だからです。

そういう視点で「画をつなぐ」ということ、「イメージを紡ぐ」ということに重点を置いて、イメージ映像の編集、YouTube動画的な編集、仕事でよくあるインタビュー映像的な編集ができるように本書を構成・執筆しました。

本書は「やさしい入門」という題名の通り、少しでもわかりやすくなるように書きましたが、機能がとても多いDaVinci Resolveを紹介するうえでひょっとしたら難しく感じる部分があるかもしれません。

ただ、本書でしっかりと学んでいただければ、映像編集を通じて映像制作というものがグッと身近になるものだと信じています。みなさんの編集のお役に立てれば幸いです。

2024年2月　鈴木 佑介

サンプルファイルのダウンロード

本書で使用しているサンプルファイルは、以下のURLのサポートページからダウンロードすることができます。ファイルは章やフォルダごとに圧縮されているので、展開して、以下のフォルダ構成になるように整理してから使用してください。

https://gihyo.jp/book/2024/978-4-297-13985-8/support

サンプルファイルの特徴

章ごとのフォルダを開くと、動画素材や音楽素材、章によっては写真素材なども保存されています。それぞれファイル名が記載されており、各章と連動するようになっているので、素材をダウンロードすれば、すぐに本書を読みながらDaVinci Resolve上で動画の編集の練習を行うことができます。もちろん、すでに自身で用意した動画や音楽ファイルがある場合はそちらを使っていただいても問題ございません。

📄 サンプルファイルのフォルダ構成

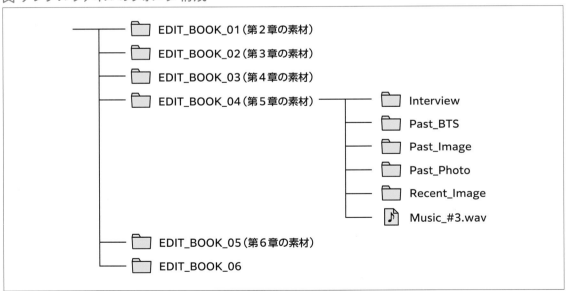

※たくさんのサンプルファイルをご用意させていただきましたため、ダウンロードにお時間がかかる場合がございます。あらかじめご了承ください。

※第5章のサンプルファイルにつきましては、複数ファイルに分割してダウンロードされますので、ダウンロード後に「EDIT_BOOK_04」フォルダを作成してから、展開した各ファイルをフォルダ内に配置してください。

フォルダ内には動画素材や音楽素材などが保存されています。

素材の読み込みについては、40、94、140、190ページを参照してください。

EDIT_BOOK_06フォルダには、296～299ページで紹介している、著者の用意したカスタマイズショートカットのデータが保存されています。便利なのでぜひ活用してください。

プロジェクトファイルを開いた際に、[メディアをリンク]ダイアログボックスが表示され、「次のクリップのメディアがありません」などのエラーが出ることがあります。この状態をリンク切れといいます。
リンク切れが発生した場合は、294ページの方法でファイルの再リンクを行います。

目次

Chapter 1 DaVinci Resolveの基本

Chapter 2 カットページ

Chapter 3　エディットページ（基本編）

Chapter 4　エディットページ（応用編）

Chapter 5 エディットページ（上級編）

Chapter 6 カラーページ

Appendix　知っていると役に立つDaVinci Resolveの機能

Chapter

1

DaVinci Resolve の基本

この章では、DaVinci Resolveを使う前の必要な知識や準備、基本について学びます。特にインストールや初期設定については大事なので、実際に動画編集をする前に準備をしっかりと行いましょう。

この章で学ぶこと

DaVinci Resolveの基本を知ろう

①DaVinci Resolveについて

まずはDaVinci Resolveについて知りましょう。また、有償版と無償版の違いや、そもそもDaVinci Resolveで何ができるのかを学び、操作する前のイメージをつかみましょう。

📖 DaVinci Resolveの基礎を学ぶ

②DaVinci Resolveのインストール

DaVinci Resolveについて知ったら、次にインストールをします。今回は無償版をダウンロードする流れを紹介します。

📖 DaVinci Resolveをインストール

③DaVinci Resolveの初期設定

DaVinci Resolveをインストールしたら、まず始めに初期設定を行いましょう。特に重要なのは日本語設定にすることです。 DaVinci Resolveは初期設定では英語表記なので、必ず変更しておきましょう。

🔖 DaVinci Resolveの初期設定

④DaVinci Resolveの画面構成

画面構成を確認しましょう。まずは素材を取り込むメディアページの画面構成から学んでいきます。そのほかの画面構成については各章で紹介します。

🔖 DaVinci Resolveの画面構成

⑤素材の取り込み

それでは実際に素材を取り込んでみましょう。素材の取り込みはドラッグ＆ドロップの操作でかんたんに行うことができます。

🔖 DaVinci Resolveへの素材の取り込み

DaVinci Resolveとは

まずはDaVinci Resolveとは何なのかを知っておきましょう。
また、有償版と無償版の違いについても学んでいきます。

DaVinci Resolveとは？

DaVinci Resolveとは、Mac・Windows・Linuxの各OSに対応したノンリニア編集ソフト（16ページ参照）です。最近では映画やコマーシャルのような従来からの映像編集に加え、情報コンテンツとしての「動画編集」が当たり前になり、誰でも動画を撮影、編集、公開できるようになりました。

皆さんの中にはDaVinci Resolveを「無料で使える編集ソフト」という印象を持っている方が多いかもしれませんが、DaVinci Resolveの歴史は長く、プロ用としてきちんと作られているソフトウェアです。もともとはスタジオでカラーグレーディング作業を行うシステムのことを指し、そのシステムだけで数百万という価格のものでしたが、Blackmagic Design社が買取り、プロが使える編集機能を加え、映像撮影のあとのポストワークフローを一貫して行うことができるノンリニア編集システムへと進化しました。

2024年2月現在、バージョン18.6のDaVinci Resolveは世界中のユーザーからのフィードバックと動画・映像編集のトレンドをもとに、かなりのスピードでアップデートが繰り返されて、その度に搭載される新機能は我々の作業の効率化とクリエイティビティを加速させてくれています。かくいう筆者も2019年を機にそれまで使用していた編集ソフトからDaVinci Resolveに乗り換えて、自分自身で行う作業はDaVinci Resolveだけで完結するようになりました。実際、ほかのノンリニア編集ソフトからDaVinci Resolveに乗り換えるユーザーも世界中で増えています。

DaVinci Resolveの特徴は、CPUやメモリーをあまり必要とせず、ある程度のグラフィック性能（GPU）と高速のストレージがあれば、快適に動作することです。たとえばApple シリコンを搭載した最近のMacBook Airなどでも、HD解像度の編集作業であればサクサク動作します。

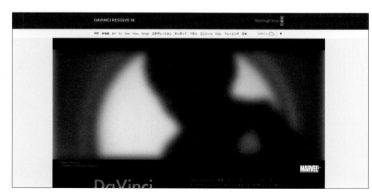

DaVinci Resolve

https://www.blackmagicdesign.
com/jp/products/davinciresolve

有償版と無償版の違いは？

DaVinci Resolveには「無償版」と「有償版」があります。無償版でも十分に編集作業などを行うことは可能ですが、ノイズリダクションや一部エフェクトが使用できず、扱える解像度や使用できるGPUの枚数に制限がある上、「MXFフォーマットの動画」や「H.264形式の4K動画」など、一部の動画ファイルが読み込めないといった弱点があります。

有償版は「DaVinci Resolve Studio」という名称で、ライセンスが必要になります。USBドングルかシリアルナンバーを入力する形でのアクティベーションが必要となります。

DaVinci Resolveの魅力は、Blackmagic Design社のグラント・ペティーの理念により現在、サブスクリプション形式でなく「買取り」式となっている点です。一度ライセンスを購入すれば、アップデートがあってもそのままバージョンアップが可能です。また1ライセンスにつき、2台までインストールできるので、動画・映像編集を生業にされている方や、これから仕事にしていく方は間違いなく有償版の購入をおすすめします。

この本で使用する動画素材は無償版でも扱えるように「ProRes 422」コーデックの素材となっていて、無償版を利用する場合も本書で勉強できますので、安心してください。

📖 DaVinci Resolve エディションの違い

	DaVinci Reslove	DaVinci Reslove Studio
価格	無償	47,980円（税抜）
解像度	UHD（4K）まで	UHD（4K）を超える解像度に対応
GPU	1枚まで	複数枚に対応
その他	H.264 4K 10bit 4:2:2 非対応 一部使用できない機能あり	HDR関連機能 ノイズリダクション インターレース解除 レンズ歪み補正 一部FX機能 電話／メールサポート H.264 4K 10bit 4:2:2 対応

DaVinci Resolve Studio

https://www.blackmagicdesign.com/jp/store/davinci-resolve-and-fusion/davinci-resolve/W-DRE-03

DaVinci Resolveで何ができる？

それでは実際にDaVinci Resolveで何ができるのかを確認しましょう。
ポストプロダクションワークフローの段階ごとに、機能をまとめたページで構成されています。

DaVinci Resolveで何ができる？

DaVinci Resolveはデータの読み込みや整理を司る「メディア」、編集を司る「カット」「エディット」、VFXや合成を司る「Fusion」、色やトーンを調整する「カラー」、Ma（整音作業）を司る「Fairlight」、完成データの書き出しを司る「Deliver」の7つのページで構成されており、DaVinci Resolveの画面下部のページ切り替えをクリックすることで、いつでも操作画面の移動が可能です。

これは「データの読み込みと整理→編集→合成→カラーグレーディング→MA（整音）→マスターの書き出し」という、撮影後の実際のポストプロダクションワークフローに基づいた流れになっています。本書ではDaVinci Resolve18.6を基本にカット／エディットページを中心としながら、少しですが「カラー」「Fairlight」「Deliver」ページについても解説します。

リニア編集とノンリニア編集・オンライン編集とオフライン編集

リニア編集とは「テープ」から「テープ」へ必要な部分を再生して録画する、古くからある編集方法です。それに対してノンリニア編集は、SDカードやテープなどから「データ」としてパソコンに取り込み、そのデータを編集する編集方法です。デジタル化が進んだ現在、ノンリニア編集が主軸となっています。それと同時にオンライン編集・オフライン編集という言葉を聞いたことがあるかもしれません。かんたんにいうと「オフライン」は「仮編集」、「オンライン」は「本編集」のようなイメージです。テレビやコマーシャルなどの業務の流れの中では、オフライン編集はカットの長さやタイミングなど演出的な「映像のベースを作る作業」に注力し、オンライン編集では高度な加工や合成などエフェクトを加えた「映像の見た目の仕上げ」を行います。最近では、パソコン上で編集作業することをオフラインと呼び、スタジオで完パケ（完全に仕上がってパッケージ化された映像データ）をテープに落とすことを、オンラインと呼んでいます。

「動画」と「映像」の違い

近年、誰もが動画を撮影・編集して発信できる時代になりました。それに伴い、世間では「動画編集」と「映像編集」が似て非なるものとして認識されてきています。編集作業そのものとしては何も変わらないはずなのに、「動画と映像の違い」はどこからくるものでしょう？　あくまで筆者の意見ですが「動画」は「動く画像」で、主な用途としては情報の発信、今までテキストで伝えていたものを動画として発信する、いわば「動くテキストメディア」です。テレビであればニュース、YouTubeなどではトークコンテンツ、レビュー、配信などの「発信ベース」のもの、情報を視覚と聴覚を使って伝える手法です。それと反対に「映像」は「像（イメージ）を映す」もので、ブランドイメージや「こうありたい」という作り手のイメージを視覚化します。従来のテレビコマーシャルや映画、ドラマなどの「表現ベース」です。これは差別ではなく区別ですが、「動画」は作りが乱雑でも発信ベースだから許されますが、「映像」はイメージを表現するもので、その世界観におけるトーン＆マナーは厳しく求められます。自分が何を作るのか、きちんと意識して制作に取り組むとよいでしょう。

ワークフローと各ページの関係

🔖 ①メディア（取り込み）

🔖 ②カット／③エディット（編集）

🔖 ④Fusion（VFX）

※Fusionは本書では解説していません。

🔖 ⑤カラー（グレーディング）

🔖 ⑥Fairlight（MA）

※Fairlightは本書では一部を除き、解説していません。

🔖 ⑦Deliver（書き出し）

DaVinci Resolveを
インストールしよう

DaVinci Resolveの概要について学んだところで、さっそくインストールをしてみましょう。
インストールは公式サイトから行います。

DaVinci Resolveをインストールする

1 DaVinci ResolveはBlackmagic Design社
のホームページ（https://www.black
magicdesign.com/jp）からダウンロード
が可能です。「DaVinci Resolve ダウン
ロード」と検索します。無償版のDaVinci
Resolveのダウンロードリンク（https://
www.blackmagicdesign.com/jp/
products/davinciresolve）と有償版の
DaVinci Resolve Studioの購入先リンク
（https://www.blackmagicdesign.com/
jp/event/davinciresolvedownload）が現
れます。ここでは、[今すぐダウンロード]
をクリックします❶。

2 DaVinci Resolveを選択します。使って
いるOSをクリックします❶。

なお、本書ではmacOS版で解説していま
すが、Windows版でも操作に大きな違いはあり
ません。

3 DaVinci Resolveに登録します。必要事項を入力して **1**、[登録＆ダウンロード]をクリックします **2**。次の画面でZIPファイルをダウンロードします。

「*」の付いている項目は必ず入力する必要があります。

4 ZIPファイルを解凍し、アプリケーションを起動します。[Install] をクリックし **1**、[Next] をクリックします。

有償版の使用には使用しているパソコンにUSBドングルを挿すか、インターネット接続環境下でシリアルナンバーのアクティベーションが必要です。

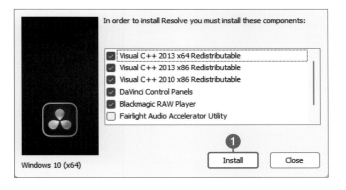

5 [I accept the teams in the License Agreement] をクリックしてチェックを入れ **1**、[Next] をクリックします **2**。次の画面で [Next] → [Install] → [Finish] の順にクリックすると、インストールが完了します。

アンインストールする際は、付属しているアンイストーラーを起動してアンインストールします。

DaVinci Resolveのアップデートについて

DaVinci Resolveは細かくマイナーアップデートされることが多いです。DaVinci Resolveの上部メニューから「アップデートの確認」を選択することで、現在使用しているバージョンのアップデートデータがある場合は、ダウンロードすることが可能です。

[DaVinci Resolve] をクリックして❶、[アップデートの確認] をクリックします❷。表示された画面で、アップデートがある場合は [ダウンロード] をクリックします❸。

💡 右の画像は有償版の「ベータ版」使用時のものです。ベータ版は製品版になる前の段階の公開ベータで、ユーザーからのフィードバックをもとに、バグフィックスなどを行うものです。使用するのは自由ですが、進行中の案件がある場合は避けたほうがよいでしょう。一度アップデートしたプロジェクトライブラリは、前のバージョンでは使用できなくなります。

DaVinci Resolveは過去のバージョンを含めてBlackmagic Design社のホームページ (https://www.blackmagicdesign.com/jp/support/) からダウンロードすることができます。過去のバージョンを使いたい場合などは、こちらから任意のデータを探してダウンロードしてください。

ベータ版を含め、DaVinci Resolveのメジャーアップデートを使用する際には、プロジェクトを管理するプロジェクトライブラリのアップデートが必要になるため、進行中の案件があったり、不要なトラブルを避けたかったりする場合は製品版になるまでインストールは控えたほうがよいでしょう。アップデートしてしまったライブラリはダウングレードできないので、前のバージョンでの作業も必要な場合はライブラリのコピーをしておく必要があります。

DaVinci Resolveをインストールしたら、起動してみましょう。アプリケーションのアイコンをダブルクリックで起動します。起動画面が表示されて、プロジェクトマネージャーが表示されます。

DaVinci Resolveを起動して、初期設定をしよう

DaVinci Resolveを起動したら、使いやすいように初期設定を行うとよいでしょう。
ここではプロジェクトライブラリを設定します。

プロジェクトライブラリを設定する

DaVinci Resolveを起動すると、始めに「プロジェクトマネージャー」というウィンドウが立ち上がります。初めて起動する場合は、ここで「プロジェクトライブラリ」の設定・確認をする必要があります。

「プロジェクトライブラリ」は、DaVinci Resolveでのプロジェクト（編集データ）を管理する大きな箱みたいなものです。プロジェクトライブラリはローカルディスクはもちろん、ネットワーク上やクラウド上のストレージにも作成することができます。DaVinci Resolveでは、各編集プロジェクトの管理をライブラリ単位で行います。Adobe Premiere Proなどのほかの編集ソフトと違い、編集データである「プロジェクトファイル」は、自分で書き出さない限りライブラリの外に持ち出すことができません（このプロジェクトライブラリには編集に使用する映像素材のデータは含まれません）。

「プロジェクトライブラリ」はいくつでも作ることができ、外付けのストレージなどローカルディスク以外にもライブラリを作ることができます。そのため、プロジェクトライブラリは「編集作業するパソコンのローカルストレージ」もしくは「編集作業する際に編集素材が入った外付けの編集ストレージ」に作るのが基本です。外付けストレージに作ったプロジェクトライブラリは、パソコンと「接続」して使うという概念になっています。

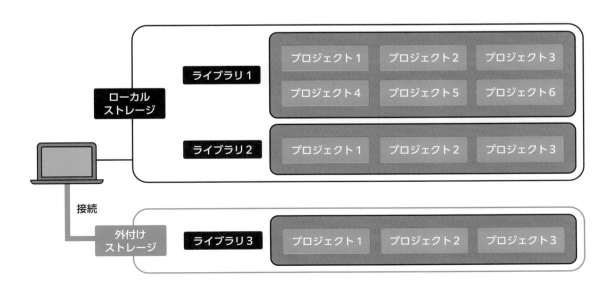

DaVinci Resolveを起動すると、初期設定でプロジェクトライブラリが作られた状態でプロジェクトマネージャーが立ち上がります。ウィンドウの左上端の■をクリックすると❶、現在のプロジェクトライブラリを含めた一覧を表示して確認することができます。

プロジェクトライブラリは、Macの「ライブラリ」（Windowsでは［ドキュメント］）→［Blackmagic Design］→［DaVinci Resolve］→［Resolve Project Library］内に設定されています。

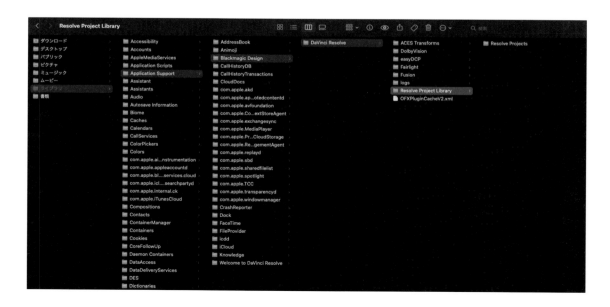

そのままこのライブラリを使用しても構いませんが、ここではMacの「Movies」フォルダ内にプロジェクトライブラリを作りました（Windowsの場合も、任意のわかりやすい場所に作りましょう）。

① ［新規プロジェクトライブラリを追加］をクリックします❶。ウィンドウが表示されるので、「作成」タブの中でプロジェクトライブラリの名前と保存先を設定します。

② ウィンドウが表示されるので、「作成」タブの中で「名前」にプロジェクトライブラリの名前を入力し❶、「保存先」の［ブラウズ］をクリックします❷。

💡 DaVinci Resolveの操作上で、一時的にパソコンのOSの表記が英語表記になることがありますが、気にせず操作をしても大丈夫です。

③ 「Movies」のフォルダをクリックして選択して❶、［New Folder］をクリックし❷、新規フォルダを作ります。今回は、「Edit_Training」と名付けています。

💡 Windowsの場合は、「ビデオ」フォルダなどを選択し、［新規作成］をクリックして新規フォルダを作成しましょう。

「Edit_Training」のフォルダをクリックして選択し❶、右下の[Open]（Windowsでは[開く]）をクリックします❷。

⑤ プロジェクトマネージャーの中に「Edit_Training」というプロジェクトライブラリが作成されます❶。フォルダの中を確認すると「Project Library」ができています。このようにプロジェクトライブラリを自分で任意の場所へ作成、変更することができます。プロジェクトごとに作っておくと管理しやすいでしょう。

プロジェクトライブラリの管理方法

映像編集の仕事の場合、進行中や納品が終わったあともデータの管理がついてまわります。DaVinci Resolveは「編集データ」を自分で任意の場所に書き出さない限り、ユーザーが直接触れることができないシステムになっています。
そこで案件ごとに外付けストレージにプロジェクトライブラリを作り、もとの素材も同ストレージに収納しておくことで作業するパソコンを自由に変更したり、案件ごとのデータの保全をしたりするときに役立ちます。
またローカルにライブラリを置いておくのもよいですが、万が一パソコンが壊れてしまった場合は編集データが全損してしまうリスクがあるため、筆者は案件ごとに外付けストレージを分け、もとのデータと一緒にプロジェクトライブラリを作って管理しています。そうすることで作業をする際に外付けストレージを繋ぎ直すだけでラップトップとデスクトップで同じ作業ができるようになります。
また、案件によってはラップトップパソコン上で完結してしまうこともあり、その場合は案件終了後に任意のライブラリの「書き出し」を行って、もとの素材と一緒に管理、保存しています。

作業用ストレージについて

よく「ストレージはどんなものがよいですか？」と聞かれることがあります。筆者はこの数年は基本的にRAID（複数のHDDを1つのドライブのように認識・表示させる技術）を組んだHDDか、1TB〜4TB程度の外付けのSSDをプロジェクトの内容に応じて容量を使い分けています。最近は8Kの素材を扱うことも多いので、MVMeのフラッシュストレージを使用することもありますが、平均としては1,000MB/s以上の速度のものを選んで使用しています。自分が扱う素材によって使い分けるとよいですが、ストレージの速度が速いほうが、作業は快適になります。近年ではラップトップパソコンの性能がかなり上がったため、作業と管理を外付けのSSDに、制作完了した映像や素材はクラウドストレージにアップするユーザーもいるようです。筆者はどうしても保管しておきたいもの以外は依頼主に保管してもらうか、削除していく方法を取っています。

プロジェクトライブラリの接続を確認しよう

プロジェクトライブラリを設定したら、実際に接続を確認しましょう。
接続を行っておくと、DaVinci Resolve内でライブラリのバックアップや復元をかんたんに行うことができるようになります。

プロジェクトライブラリを接続する

プロジェクトライブラリをほかのストレージやパソコンにコピーしたい場合や、外付けのストレージのプロジェクトライブラリを使いたい場合があります。
プロジェクトライブラリのバックアップや復元は、プロ

ジェクトマネージャー上に接続したプロジェクトライブラリに対して操作します。ここでは、外付けのストレージに作成したプロジェクトライブラリと「接続」する方法を説明します。

(1) 23ページの①で［新規プロジェクトライブラリを追加］をクリックして、［接続］をクリックします❶。「名前」にここでは例として作品名の「Detail_In_Life」と入力します❷。「保存先」の［ブラウズ］をクリックします❸。

(2) 保存先（ここでは接続するために保存されている場所）を指定します。今回は外部ストレージのプロジェクトライブラリをクリックして選択します❶。［Open］（Windowsでは［開く］）をクリックします❷。

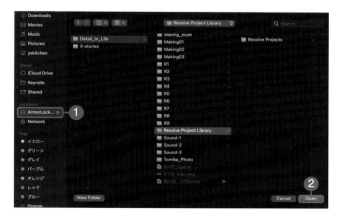

③ [接続] をクリックします❶。

④ 「Detail_In_Life」というプロジェクトライブラリができ、その中で作られていたプロジェクトファイルが表示されます。

⑤ 接続を解除したい場合は、プロジェクトファイルを右クリックして❶、[削除] をクリックすると❷、接続が解除されます。

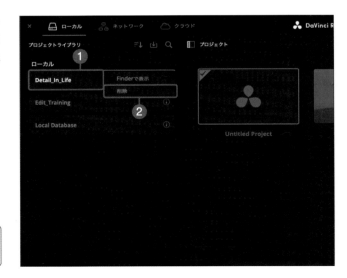

再び接続する際は手順❶〜手順④を再度行います。

Section

06

プロジェクトライブラリのバックアップと 復元方法を知ろう

プロジェクトライブラリのバックアップや復元は、プロジェクトマネージャーで操作します。
バックアップは「プロジェクトライブラリをファイルとして書き出す」ことです。
そのファイルとして書き出したプロジェクトファイルを読み込む際に行うのが「復元」になります。

プロジェクトライブラリをバックアップ／復元する

1 任意のプロジェクトライブラリをクリックして選択し❶、◙をクリックします❷。

2 ［バックアップ］をクリックします❶。

③ 「Where」でバックアップ先を選択し❶、[保存]をクリックします❷。

④ [バックアップ]をクリックすると❶、バックアップデータが作成されます。

⑤ 復元する際はプロジェクトライブラリの 🔽 をクリックして❶、復元する.diskdb ファイルを選択します。

バックアップと復元、接続の重要性

プロジェクトライブラリのバックアップや復元、接続は編集データを管理する上でとても重要です。定期的なバックアップは作業途中の損失を防ぎ、プロジェクトの安定性を確保します。万が一損失が発生していても復元が可能です。そのため、しっかりと接続を行うことが大切となります。この操作を理解して使いこなせるようにしておきましょう。

Section

07

DaVinci Resolveの
環境設定をしよう

DaVinci Resolveを操作する上で、使いやすいように環境設定をしておくことは非常に大事です。
特に日本語に設定する操作は、忘れずに行っておきましょう。

環境設定を開く

作成したプロジェクトを開くと、カットページが表示されます。まずはこの状態で環境設定と「プロジェクト設定」を行いましょう。DaVinci Resolveというソフトウェアを使いこなす上でとても重要な部分ですので、ここはしっかりと理解していきましょう。特にインストールし

て起動したばかりの場合は「英語表記」のままなので、言語設定を含め、必要な環境設定の情報を確認していきましょう。なお、「環境設定」はシステム全体の設定とユーザー個人の設定の2種類あることを把握してください。

環境設定は画面左上のメニューの中から、[環境設定] をクリックして開きます。

[環境設定] を開く

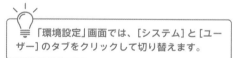

「環境設定」画面では、[システム]と[ユーザー]のタブをクリックして切り替えます。

✏️ プロジェクトの名前の変更方法

それでは作成したプロジェクトライブラリの中で「Untitle Project」を右クリック→「別名で保存」❶→プロジェクトに名前を付けます。ここで「EDIT_TR」と名前を付けています。

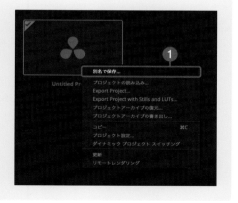

システム設定を行う

■メモリー&GPU

ここではPCのメモリーの割り当て、GPUの処理モード、GPUが複数枚ある場合、それぞれ任意で選択することが可能です。メモリーは普通に編集作業をする場合はさほど必要ではありませんが、「Fusion」のページを使用する場合はたくさんあったほうがキャッシュを作る場合など有利です。ただメモリーキャッシュに割り当てすぎるとシステム自体が不安定になるため、ここで割り当てを変更することができます。

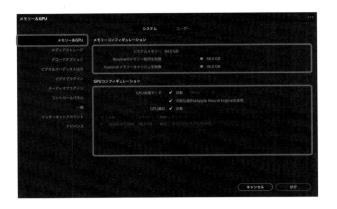

■メディアストレージ

「カラー」のページで使用するギャラリースチルやキャッシュスチルの保存で必要となるため、常時システムに接続されている必要があり、ローカルストレージを選択します。また、下部の「接続されているストレージロケーションを自動的に表示」にチェックを入れておくことで、パソコンに接続されているすべてのメディアストレージにアクセスができるようになります。必ずチェックを入れておいてください。

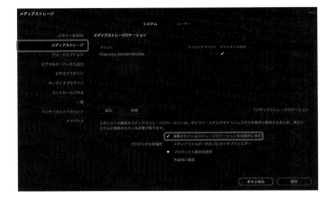

■デコードオプション

「デコード」とは「エンコード」の逆の意味で、撮影時に圧縮された映像データを解凍して戻すことを示します。圧縮されたデータは小さい分、そのまま編集マシンで作業をするにはマシンパワーを必要とします。そのデコード作業に対するオプション設定の項目であり、初期設定のままで構いません。「R3DにGPUを使用」という項目がありますが、R3DとはREDというシネマカメラのRAWでの撮影データを示します。R3Dのディベイヤー（現像作業）などにGPUを使用するか、という項目です。REDのカメラ素材を使用する場合は選択するとよいでしょう。

■ビデオ＆オーディオ入出力

外部のモニターやキャプチャーデバイス、オーディオなどをパソコンと接続している場合の設定項目です。
たとえばBlackmagic Design社の外部のモニターに映像のプレビューをスルーアウトするのに使用するUltraStudio 4K Miniなどを使用する際に、その入出力のデバイス管理をする項目です。パソコンのみで作業をする場合には特に設定は不要です。

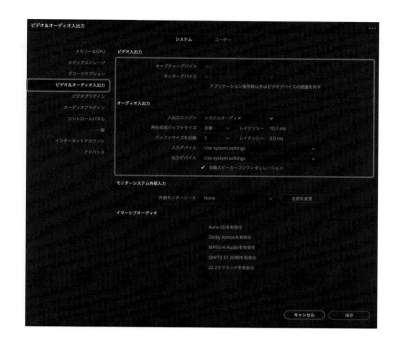

■ビデオプラグイン／オーディオプラグイン

サードパーティ製の外部プラグイン（OpenFX）を所持している場合、有効・無効化する項目です。Adobe Premiere ProやFinal Cut Proなどを利用していてOpenFXを持っている場合は、ここで設定ができます。

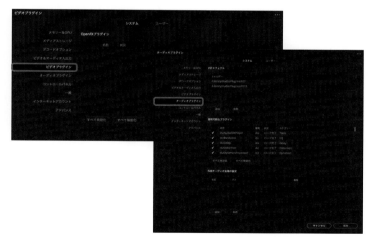

■コントロールパネル

カラーグレーディングに使用する「Micro Panel」や「Mini Panel」、MA（整音）作業で使用する「Fairlightコンソールパネル」や「MIDIオーディオコンソール」を使用する際の設定ができます。

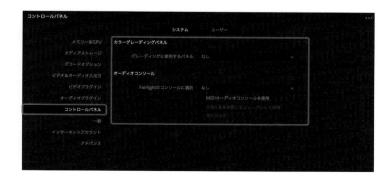

■一般

「可能な場合はビューアに10-bitイメージ
を表示」にチェックを入れます。Macを使
用している場合は「Macディスプレイカ
ラープロファイルをビューアに使用」に
チェックを入れましょう。Macを使用して
いて、カラー作業を行う場合は「Rec.709
SceneクリップをRec.709-Aとして自動的
にタグ付け」にチェックを入れておくとよ
いでしょう。また「アップデートを自動的
にチェック」を入れておくことでアップ
デートがある際にアラートで教えてくれま
す。なお、Windowsの場合も同じような設
定をしておくとよいでしょう。

■インターネットアカウント

YouTubeやTwitter（現在はX）、TikTokなど
のアカウントをサインインしておくこと
で、DaVinci Resolveから直接アップロー
ドすることができます。書き出してから
アップロードをする形でも問題ありませ
ん。

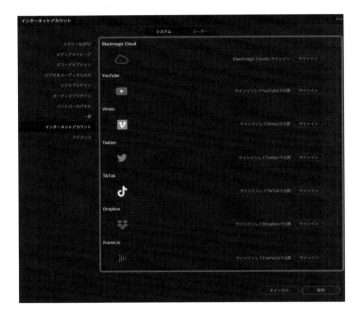

■アドバンス

古いファイルシステムのSAN（ストレージ
エリアネットワーク）と接続するときに使
用する項目で、あまり使用することのない
項目です。

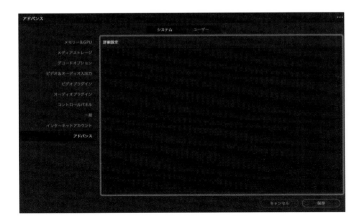

ユーザー設定を行う

■ユーザーインターフェース設定

言語設定を含むDaVinci Resolve上のUIの設定項目になります。インストールして起動した直後は言語設定が英語になっています。英語設定のままでも構いませんが、日本語にする際は「言語」から［日本語］を選択し、ウィンドウ右下の［保存］をクリックした上でDaVinci Resolveを再起動することで、変更した設定が反映されます（再起動しないと反映されません）。

■プロジェクトの保存＆ロード

「設定のロード」では、プロジェクトを開いたときにプロジェクト内のタイムラインをすべて開くかどうかの設定ができます。また、「設定の保存」ではバックアップに関する設定を行うことができ、常にデータを保存しながら作業するには「ライブ保存」、プロジェクト全体を指定した頻度で別ファイルとしてバックアップするには「プロジェクトバックアップ」、タイムラインを指定した頻度で別ファイルとしてバックアップするには「タイムラインバックアップ」にそれぞれチェックを入れます。なお、プロジェクト類のバックアップには保存場所の設定が必要なので、「プロジェクトバックアップの保存先」で常に接続されているストレージを指定しておきます。

■編集

カット／エディットページに関わる設定を行います。「新規タイムライン設定」はタイムラインの開始タイムコードやビデオ・オーディオトラックの数、オーディオトラックの種類の基本設定です。「自動スマートビン」（ビン＝フォルダ）の設定」は、スマートビンを作った際に関する設定になります。

■一般設定

編集時に使用するジェネレーター（例：黒みなどの単色）やトランジション（例：ディゾルブ）、静止画を読み込んだ際の基本の長さ（尺）、ファストナッジ（クリップをフレーム単位で動かす）した際のフレーム数などを設定できる項目です。「メディアプールで現在のクリップを常にハイライト」にチェックを入れておくと、作業中のクリップを常にハイライト表示にすることができます。また、「カスタムセーフエリアのオーバーレイを使用」にチェックを入れると、「アクションエリア」と「セーフエリア」の枠がビューア上にオーバーレイ表示されます。テレビやプロジェクタースクリーンなどで上映を目的とした映像を制作する場合は、有効にするとよいでしょう。

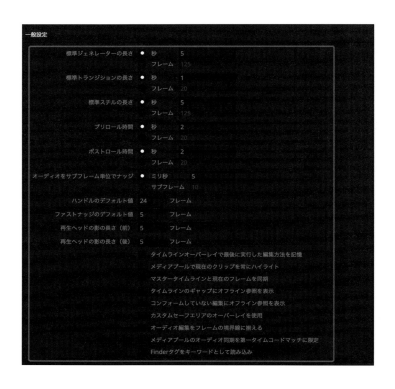

■デフォルトフェード

フェードイン（徐々に現れる）、フェードアウト（徐々に消える）、クロスフェード（フェードインとアウトの交差）の変化のカーブの仕方を設定できます。これも慣れてきた段階で自分の好みに設定するとよいでしょう。

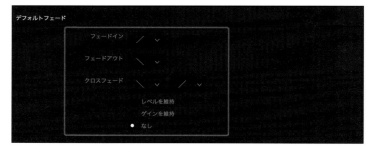

ほかにも「カラー」「Farilight」ページの設定や「再生設定」「コントロールパネル」「メタデータ」の詳細設定がありますが、本書の内容との関連性が少ないため、今回は割愛させていただきます。

ウィンドウ右上の■■をクリックすると、設定したユーザー環境をプリセットとして保存、読み込みができます。また、リセットもできます。

環境設定まとめ

①「日本語」に設定（英語でも問題なければそのまま）
②「ライブ保存」に設定
③「プロジェクトバックアップ」に設定
④「メディアストレージ」を設定（すべてのストレージにアクセスできるように）
⑤Macを利用している場合「一般」の「Macのディスプレイカラープロファイルをビューアに使用」と「Rec.709 SceneクリップをRec.709-Aとして自動的にタグ付け」に設定

DaVinci Resolveの画面構成を知ろう

DaVinci Resolveを起動するとカットページが開かれるので、画面下のページ選択バーからページを切り替えます。まずはメディアページに切り替えてみましょう。

起動時の画面構成

DaVinci Resolveを起動すると、まずはカットページが開かれます。ほかのページに切り替えたい場合は、画面下のページ選択バーに表示されているタブのアイコンをクリックすることで、移動することができます。各ペー

ジの詳しい画面構成は、各章で紹介をしています。ここでは、メディアページを表示した際の画面構成を次ページで紹介しています。

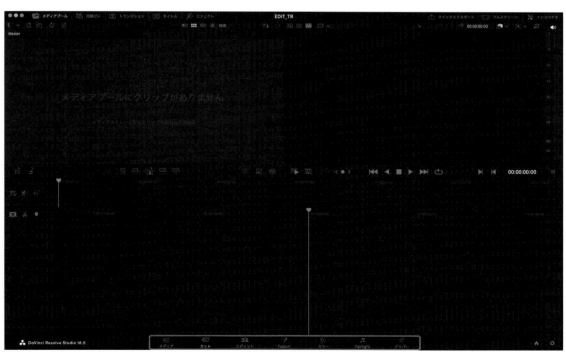

メディアページに切り替えるには、下のタブの [メディア] をクリックします。

任意のページをクリックしてページの移動をしますが、ショートカットを利用するとかんたんに移動することができます。

Shift + 1	プロジェクトマネージャー
Shift + 2	メディア
Shift + 3	カット
Shift + 4	エディット
Shift + 5	Fusion
Shift + 6	カラー
Shift + 7	Fairlight
Shift + 8	デリバー
Shift + 9	プロジェクト設定

共通の画面構成

DaVinci Resolve全ページ共通の画面構成です。1・2が画面ヘッダー部分にあり、3が画面フッター部分にあります。

📖 1：メニューバー

🍎 **DaVinci Resolve** ファイル 編集 トリム タイムライン クリップ マーク 表示 再生 Fusion カラー　　　Fairlight ワークスペース ヘルプ

メニュー項目です。各項目をクリックすることでメニューが開かれます。

📖 2：インターフェースツールバー

●●● ☑ 📁 メディアストレージ 📁 クローンツール　　　EDIT_TR　　　🎵 オーディオ 📄 メタデータ ⚙ インスペクタ 📷 キャプチャー

パネル名が表示され、クリックすることで表示・非表示が切り替えできます（パネルはページごとに異なります）。表示中のパネルはホワイトで表示中され、非表示のパネルはグレーアウトで表示されます。また、作業領域を自分でアレンジすることができます。なお、ツールバーの真ん中には、現在開かれているプロジェクト名が表示されます。

📖 3：ページ選択バー

🔷 **DaVinci Resolve Studio 18.5**　　　📷 メディア 📹 カット 📼 エディット 🎬 Fusion 🎨 カラー 🎵 Fairlight 🚚 デリバー　　🏠 ⚙

クリックすることでページ移動します。右側の🏠がプロジェクトマネージャーです。⚙が開いている「プロジェクトの設定」になります。左側には現在使用しているDaVinci Resolveのバージョンが表示されます。

メディアページの画面構成

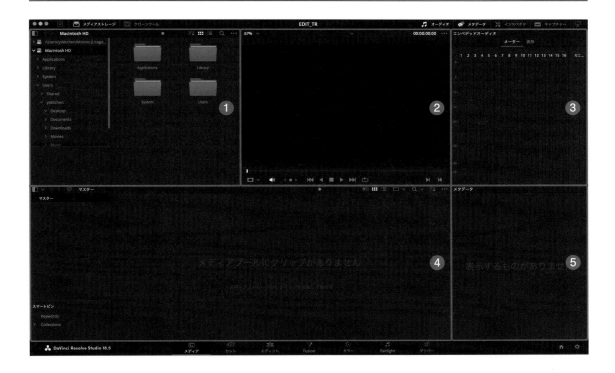

① メディアストレージ	読み込む映像素材の場所をブラウズするところです。左側はパソコンのディレクトリがツリー表示され、右側にはツリー表示されたものの中身（素材）が表示されます。映像素材はアイコンの上にマウスオーバーして動かすことで、スクラブ再生することができます（❷ビューアに表示されます）。表示方法をアイコン表示・リスト表示へ切り替えができます。またファイルの並び替えや検索も可能です。
② ビューア	❶メディアストレージや❹メディアプールで選択した映像（素材）が再生されます。画面左下のソース表示の切り替えで、音声の波形を大きく表示することもできます。また、オプションで表示方法を変更することで、映像の音声の波形も同時に表示できます。
③ オーディオ	❷ビューアで再生させているオーディオの音量をメーターで表示するパネルです。オーディオデータを波形で表示させることもできます。
④ メディアプール	DaVinci Resolveで使用する素材を入れる場所です。メディアプールに素材を入れることで、初めて使用することができます。
⑤ メタデータ	選択したファイルのメタデータが表示されます。メタデータとは「データについてのデータ」です。そのデータについて関連する情報などを表示します。映像素材でいうとカメラの種類、フレームレート、レンズ、撮影日、色深度情報、色域、ガンマなどさまざまです。自分で追加、編集することも可能です。

📖 メディアストレージ

メディアストレージは読み込む映像素材の場所をブラウズするところです。左側はPCディレクトリがツリー表示され、右側にはツリー表示されたものの中身（素材）が表示されます。映像素材はアイコンの上にマウスオーバーして動かすことでスクラブ再生することができます（ビューアに表示されます）。表示方法は、アイコン表示・リスト表示の切り替えができます。またファイルの並び替え、ワード検索も可能です。

DaVinci Resolve全ページで共通ですが、■をクリックするとさまざまな設定ができます。

メディアストレージの項目でデスクトップなど、よくアクセスする場所は、「お気に入りフォルダ」に登録することができます。ツリー構造のため、初期設定のままだとアクセスしにくいので、デスクトップの場所をお気に入りフォルダに登録しておくと便利です。

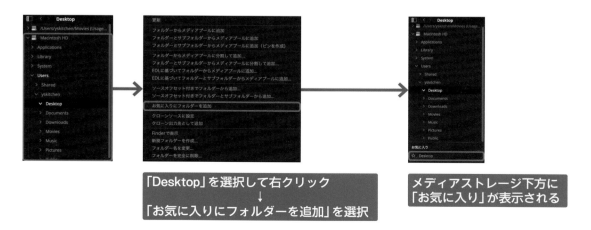

ビューア

ビューアは、メディアストレージやメディアプールで選択した映像（素材）が再生されます。画面左下のソース表示の切り替えで音声の波形を大きく表示することもできます。また、オプションで表示方法を変更することで、映像の音声の波形も同時に表示できます。

使いやすい方法で表示してください。また、編集作業のときに後述しますが、ビューア上でイン点・アウト点を打つことができます（そのクリップでの使用する範囲をきめることができます）。

「オーディオ波形を拡大して表示」「クリップ全体のオーディオ波形を表示」を選択するとクリップに音声がある場合、ビューア上に波形が同時表示できます。

メディアプール

DaVinci Resolveで使用する素材を入れる場所です。メディアプールに素材を入れることで、初めてDaVinci Resolve内で使用することができます。ほかのページの

メディアプールと同期しているので、ほかのページでの変更内容もすべて反映されます。

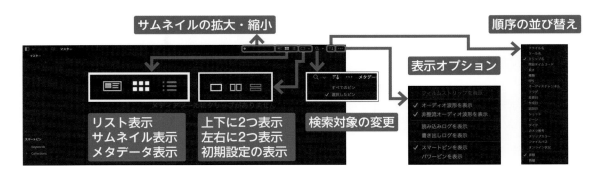

映像素材を読み込んでみよう

それでは、カメラやスマートフォンで撮影した動画（映像素材）をメディアプールに読み込んでみましょう。

映像素材をメディアプールへ読み込む

映像素材のメディアプールへの読み込みは、メディアストレージからドラッグ＆ドロップすることで登録できます。また、「Finder」（Windowsの場合はエクスプローラー）から素材を直接メディアストレージにドラッグ＆ドロップで登録することもでき、エディットのタイムライン上に素材を直接ドラッグ＆ドロップして配置することでも、自動的にメディアプールに素材が登録することが可能です。ただ、その場合は素材の管理が把握しづらいため、慣れるまではメディアページで素材の管理を行うことをおすすめします。

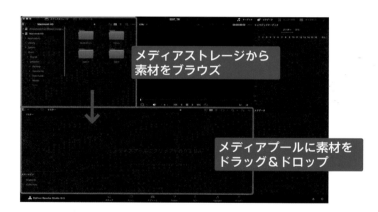

① メディアページの左上のメディアストレージで、「EDIT_BOOK_01」がある場所をクリックして指定します❶。

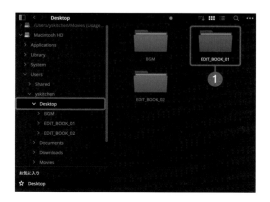

(2) 「EDIT_BOOK_01」のフォルダを、メディアプールの「マスター」の上にドラッグ＆ドロップします❶。

ドラッグ＆ドロップをする場所が左側のリストの場所ではない場合は、フォルダを無視してマスター直下に素材が登録されます。

(3) メディアプール内の「マスター」フォルダの直下に「EDIT_BOOK_01」というフォルダと名前を保ったままメディアプールに素材が登録されます。

不要なファイルがある場合は、ファイルをクリックして選択して delete キーを押すことでメディアプールから削除することができます。

✎ プロジェクトフレームレートを変更するか確認された場合

メディアプールに素材をドラッグ＆ドロップした際に、現在開いているプロジェクトの基準のフレームレートを登録する素材に合わせて変更するか確認されます。素材と同じフレームレートで作成するのであれば［変更］を選択しましょう。

たとえばスローモーションの演出をするためにハイフレームレートで撮られている素材であれば「変更しない」を選択して、素材の登録のあとに「プロジェクト設定」でフレームレートを自分で決めるのがよいでしょう。
一度プロジェクトの基準のフレームレートを決めてしまうと、変更ができません。しかし、そのプロジェクト内で「タイムライン」単位であればフレームレートを変更することができます。

✎ フレームレート

「フレームレート」はfps＝frame per secondで表記され、1秒間に何フレーム（コマ）で撮影するかを示しています。テレビが30コマ、映画は24コマとなっており、基本は1秒＝30フレームとなっています。Web媒体へのアップロードが目的なら正直好みでよいと思いますが30か24が基本となります。少し難しい話になるので細かいことは割愛しますが29.97は30と同義、24は23.976と同義と認識していただいてかまいません。
編集プロジェクトおよびタイムラインのフレームレートは「撮影素材のフレームレート」に合わせますが、もともとスローモーション再生を目的に60fpsなどで撮影された素材を60fpsのフレームレートで再生しても、スローモーションにはならないので注意が必要です。60fpsで撮影したものを30fpsで再生するため2倍のスローモーションになるわけです。このあたりをきちんと考えて設定を行いましょう。

フォルダを作って整理・管理する

1 先ほどはフォルダごとメディアプールに登録しましたが、ファイル単独で登録し、ビン（フォルダ）を作って自由に整理・管理することもできます。メディアページの左上のメディアストレージで、「EDIT_BOOK_01」のフォルダをクリックして選択して❶、メディアプールに登録したいクリップを選択します❷。

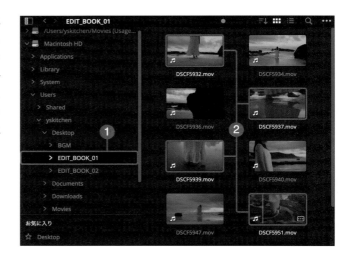

2 メディアプールの「マスター」の上にドラッグ＆ドロップします❶。

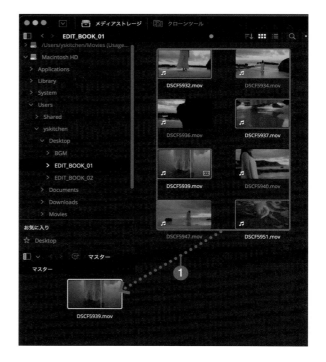

3 メディアプールの「マスター」フォルダの直下に、ファイルが登録されます。

④ フォルダを作りたい場合は、メディアプール内で右クリックして「新規ビン」をクリックして選択します❶。マスターの下にビンができます。

> 💡 フォルダのことを「ビン」といいます。ビンはクリックして名称変更できます。ここでは「EDIT01」と名付けています。

⑤ マスターの中のクリップを選択して、「EDIT01」のビンにドラッグ＆ドロップします❶。

⑥ ビンの中にクリップが入りました。

✎ リンクファイル

DaVinci Resolveを始めとするノンリニア編集ソフトは、もとの素材に対して直接変更を加えることはありません。後述しますが、ビンの中に入れたクリップは「リンクファイル」扱いになります。現在置いてある素材の位置とリンクされているだけで、DaVinci Resolve上でブラウズして、その変化をレンダー（描画）してDaVInc Resolve上でその変更結果を再生しているものになります。一度DaVinci Resolveのメディアプールに読み込んだ素材は、読み込んだ先の場所やファイル名を変更するとリンクが切れて「オフラインクリップ」という扱いになります。その際は「再リンク」をかけることで復旧できます。メディアプールに読み込む前に素材を整理整頓しておくことがとても大切です。フォルダ分け、ファイル名の変更はメディアプールに読み込む前に行いましょう。

何事も準備が大切〜準備が7割〜

第1章を終えて「まだ編集作業に入れないのか」と思う方もいるかもしれませんが、前頁の最後でお伝えしたように「準備」は編集作業でとても大切です。メディアプールの中は自分の好みに素材を整理できます。たとえばビンの中にビンを作ったり、ファイル名を変更したりすることもできます。ドラマなどの編集であればシーンごとにビンを作って、その中のファイル名にカットナンバーを付けたり、無計画に撮影したものでもシチュエーション別にビンを作ったりして、整理することができます。素材が多くなればなるほど、制作する尺が長くなればなるほど、編集作業は複雑化していきます。メディアプールでの素材の整理整頓はとても大切です。特に「タイムライン」を作る際はメディアプールの「マスター」を選択した状態で作ること、もしくは「タイムライン」というビンを作って、その上で作ることをおすすめします。タイムラインは現在選択されているメディアプール上のビンの中に作られるため、いざ探そうとするとどこかのビンに入っていて探しづらい、ということがよくあります。慌てず、作業するためにも整理整頓を心がけましょう。また、作業途中に追加素材がある場合など、特に整理が必要です。作業途中に大元のファイルを移動してしまってリンクが切れてしまうなど、さまざまなトラブルにこの先必ず出会うことだと思います。

特に自分1人で作業している分には構いませんが、依頼主がいたり、複数人で共同作業をしたりする場合は素材整理がとても大切になります。編集作業にすぐに入りたいところかもしれませんが、準備が仕事の7割を占めると思ってきっちり整理していきましょう。

■シリーズ作品の編集時に便利な「パワービン」を使おう

YouTubeのコンテンツ編集など連続する作品など、いわゆるシリーズ作品は「BGM」や「ロゴデータ」「アニメーションテロップ」など決まった素材を使うことが多くあります。いわゆる「使い回し」素材です。毎回以前のプロジェクトから読み込み直すのは手間となります。DaVinci Resolveでは、プロジェクトをまたいで素材を使い回せる「パワービン」というものがあります。パワービンに素材を入れておくことで、すべてのプロジェクトでパワービン内の素材を使うことができます。パワービンに入れた素材もリンクファイル扱いになります。保管場所には注意しましょう。

①メディアプール■■■をクリックし、[パワービンを表示]をクリックして選択します。

②メディアプールに「パワービン」が表示されます。パワービン内に素材を入れます(パワービンにビンの作成可能)。違うプロジェクトを開いてもパワービンの中の素材を使用することができます(Fusionファイルや複合クリップなどは使い回せません)。

Chapter

2

カットページ

この章ではカットページについて解説をします。カットページでは、動画編集をかんたんな操作で手早く行うことができます。難しい操作などはないため、初心者におすすめの機能です。

DaVinci Resolveの基本を知ろう

①カットページについて

カットページはかんたんに操作できる、「シンプルでクイックな編集」に焦点を置いた編集作業のページとなっています。

📖 カットページの基礎を学ぶ

②タイムラインの作成

カットページでは、タイムライン上で動画の編集などを行います。まずはタイムラインを作成し、初期設定を行いましょう。

📖 タイムラインの作成と設定

③クリップの配置

タイムラインを作成したら、動画の素材をクリップ
としてタイムラインに配置しましょう。

▢ タイムラインにクリップを配置

④クリップの編集

タイムラインに配置したクリップは、カットしたり
トリムしたり、トランジションで効果を加えたりす
ることができます。

▢ クリップの編集

⑤動画の書き出し

動画の編集が終わったら、書き出しを行いましょう。
カットページの書き出しはかんたんな操作で行うこ
とができ、用途に応じてファイル形式も選択できま
す。

▢ 作成した動画の書き出し

カットページの画面構成を知ろう

DaVinci Resolveの2つの編集ページのうち、動画のクリップ編集などがしやすいカットページから
学んでいきましょう。画面構成は、エディットページと似ています。

カットページとエディットページの違い

DaVinci Resolveには、「カット」と「エディット」という2種類の編集ページがあります。カットページはたとえば「ニュースコンテンツやYouTubeなどのセルフトークコンテンツ」など、素材を「切る」「並べる」「挿入する」といった「シンプルでクイックな編集」に焦点を置いた編集環境になっています。

一方のエディットページは、Adobe Premiere Proなど従来のノンリニア編集ソフトを触ったことがある方なら理解しやすい、レガシーなインターフェースでプロフェッショナルが使う機能がたくさん搭載されており、細かい編集作業ができます。

それぞれUI（ユーザーインターフェース）は異なります。カットページとエディットページは編集結果が共有されていますので、用途に応じて2つのページを行き来しながら映像を作ることができます。筆者はエディットページを主に使用していますが、用途によってはカットページを併用することもあります。シンプルな映像プロジェクトであれば、速度感という意味でコントロール速度を重視して設計されているカットページが役立つでしょう。この章ではカットページのUIを学び、実際にカットページでかんたんに映像を作っていきます。

🗒 カットページ

🗒 エディットページ

同じプロジェクトでもUIが異なります。

> 💡 カットページのUIでは3つの構成に分かれていますが、エディットページのUI（96ページ参照）では4つの構成に分かれています。またメディアプールの位置が両方のページで少し異なっている点も特徴です。

カットページの画面構成

カットページは❶メディアプール（各ページ共通）、❷ビューア、❸タイムラインの3つのパネルから構成され、メディアプールの中のクリップをタイムラインに配置し、そのタイムラインの結果がビューアに表示されます。また、メディアプール内のクリップをブラウザした場合も、同様にビューアに表示されます。

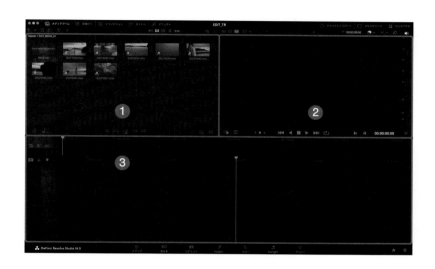

❶メディアプール	登録された素材が置かれる場所です。第1章で登録した「EDIT_BOOK_01」の素材が表示されています。メディアプール内の右上のアイコンでクリップの表示方法の切り替えができます。
❷ビューア	ビューアにはメディアプール内の素材やタイムラインの編集結果が表示され、表示したいものや再生方法をコントロールすることができます。各ページで異なる部分もありますが、再生、逆再生、停止などは共通の操作となります。
❸タイムライン	カットページのタイムラインは上下に分かれ、表示方法が異なります。上のタイムラインと、上のタイムラインの再生ヘッドが画面中心に拡大された状態のタイムラインエディターの2つです。2つのタイムラインを同時に使用することで、プロジェクト全体の移動や詳細な操作が可能になります。

🔖 メディアプール

メディアプールでは、サムネイルビューやメタデータビューなどを切り替えて、素材の中身を確認することができます。

サムネイルビュー

メタデータビュー

また、ほかのページと同様、⬛を使ってメディアプール内の表示順序を変更することができます。

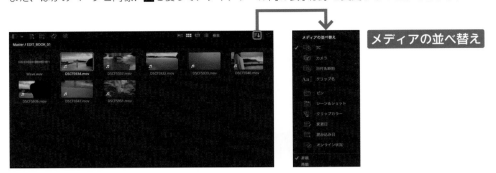

メディアプールのクリップを選択してサムネイルをドラッグすると、そのクリップの中身をビューアで確認することができます。

🔖 ビューア

左下のグレーアウトしている2つのツールはソーステープモード時やタイムラインにクリップを追加すると使用可能になります。

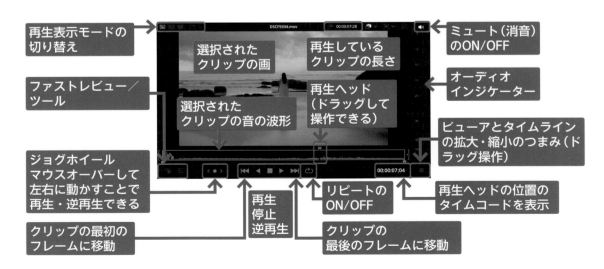

タイムライン

上部のタイムラインエディターは、常にタイムラインを全体表示しています。全体表示の大きさは使用しているディスプレイの幅に準じます。赤のタイムラインルーラー（再生ヘッド）を自由に動かすことができ、全体表示のまま編集作業をすることができます。

タイムラインエディターは、再生ヘッドが画面中心で固定されている状態で、詳細な編集をする際に役立ちます。ズームレベルは固定されていて、変更はできません。上のタイムラインは再生したときに再生ヘッドが動き、タイムラインは固定された再生ヘッドの上をクリップが動いて通過するような表示になります。イメージとして、上のタイムラインで全体を把握しながら、タイムラインエディターで細かい編集・調整をする感じです。クリップは上のタイムラインとタイムラインエディターの間で移動させることができます。

上のタイムライン
→全体表示

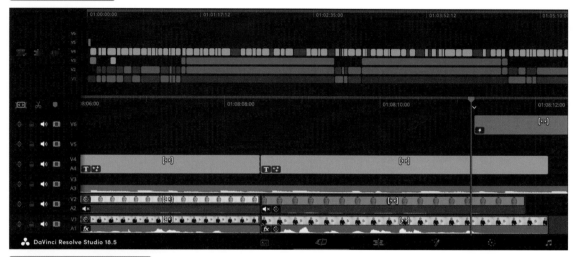

タイムラインエディター
→再生ヘッドの位置を
**　中心に表示**

✏ それぞれの画面の大きさを変更する

カットページに限らず、画面の境目ポインタを置き、⬌や🔼になったときにドラッグを操作を行うことで、それぞれの画面の大きさを変更することができます。なお、この操作は画面が小さい場合（たとえばノートパソコン）は変更できない場合があります。

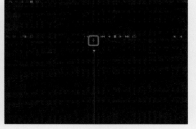

タイムラインを作成しよう

それでは、メディアプールタイムラインを作成してみましょう。
ここでは、タイムラインの設定も行います。
解像度やタイムラインフレームレートを設定しましょう。

タイムラインを作成する

(1) メディアプール内の空いている場所で右クリックして、[新規タイムラインを作成] をクリックします❶。

(2) 「タイムライン名」にタイムラインの名前を入力し❶、[作成] をクリックします❷。

③ メディアプールの下の「Master」にタイムラインのファイルが作成されます❶。

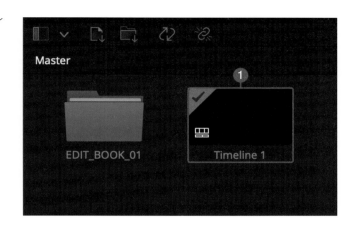

タイムラインの解像度を設定する

① 画面右下の⚙をクリックします❶。

② 「タイムラインの解像度」を設定します❶。続けて「タイムラインフレームレート」設定をして❷、「再生フレームレート」を「タイムラインフレームレート」と同じ設定にします❸。

💡 「プロジェクト設定」はエディットページでも共通の操作となります。「プロジェクト設定」で設定した「タイムラインフレームレート」は現在開いている編集プロジェクトの基本設定となり、変更はできないので注意しましょう（たとえば24フレームならば、そのプロジェクトでタイムラインを作成した場合、初期設定のフレームレートとなります）。

③ 右上のをクリックし❶、[カスタムタイムライン設定]をクリックすると❷、タイムラインの解像度をすばやく選択できます。

④ [プロジェクト設定を使用]のチェックを外すことで❶、自由に解像度の設定が可能になります❷。

⑤ [フォーマット]タブをクリックして選択すると❶、「タイムラインフレームレート」を設定できるようになります❷。

💡 メディアプールに素材を読み込む際に、素材のフレームレートをタイムラインフレームレートに設定するかどうかを確認されますが、自分で設定するほうが確実です。たとえばスローにするつもりで60フレームで撮影した素材を、60フレームのタイムラインにしてしまったら、スローモーションにすることができなくなってしまいます。とはいえ、タイムラインを作成するごとに、作成したタイムラインのフレームレートは自分でカスタム設定できるので、万が一間違えてしまっても慌てることはありません。混乱しないように、理解しておくことをおすすめします。

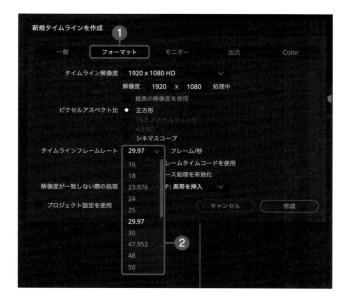

クリップをタイムラインに配置しよう

タイムラインの設定が済んだら、素材（クリップ）をタイムラインに配置しましょう。メディアプールの中の「EDIT_BOOK_01」フォルダをダブルクリックして、クリップの内容を確認します。

クリップの素材を確認する

1 「EDIT_BOOK_01」フォルダをダブルクリックします❶。

2 フォルダが展開され、中のクリップを確認できます。

③ クリップはTC（タイムコード）順に並んでいるので、メディアをクリップ名の順番に並べ替えます。をクリックし❶、［クリップ名］をクリックします❷。

④ クリップがクリップ名順に並び替わります。

⑤ クリップを選択し、マウスオーバーしてマウスをそのまま左右に動かすことで、要約再生（スキム再生）が可能です。全部のクリップの内容をおおまかに確認しましょう。

⑥ 各クリップの内容を確認し、編集する映像の完成系のイメージを描きます（ゴールから遡って考えることで、編集作業がやりやすくなります）。このサンプルでは、朝、緩やかな波の音が聞こえる中、女性が海に現れ、立ち止まり、その景色を見つめるという映像の内容になります。

🔖 DSCF5932

女性の足元がフレームインして海に向かって歩いていく（カメラが被写体の動きを追っている）

🔖 DSCF5934

海に向かって女性が歩いていき、止まる（カメラ固定）

🔖 Wave

波の音だけが入った音声ファイル

▯ DSCF5936

横のアングルで女性がフレームインして歩く（カメラ横移動）

▯ DSCF5937

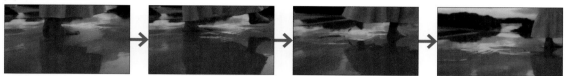

女性の足元。止まった状態から歩き出す（カメラが被写体の動きを追っている）

▯ DSCF5939

女性の足元がフレームインして歩いてきて止まる（カメラ被写体を追う）

▯ DSCF5940

立ち止まっている女性のバストアップショット（カメラ下から上へ動く）

▯ DSCF5947

海をバックに立っている女性の引き画（カメラ最初と最後の部分でガクっと動いてしまっている）

▯ DSCF5951

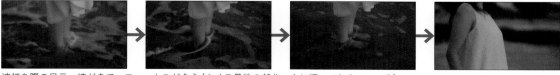

波打ち際の足元。波がきて、フォーカスが合う（カメラ最後の部分、上に振ってしまっている）

クリップをタイムラインに配置する

クリップをタイムラインへ配置します。やり方としては、①クリップの使用する部分をイン点・アウト点を決めてからタイムラインに配置する、②タイムラインに配置してからタイムライン上でクリップを分割、トリミングする、という2つの方法がありますが、ここでは①のやり方を解説します。

① クリップ（ここでは「DSCF5932」）をクリックして選択します❶。

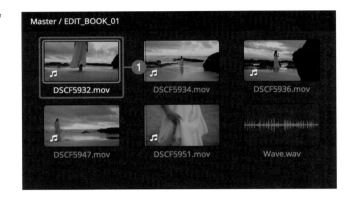

② ビューアの下の赤い再生ヘッド■を左右にドラッグして動かし、始まりの部分となる場所に移動します❶。

③ 波形部分の左端にあるインハンドル■を右方向にドラッグして動かします❶。

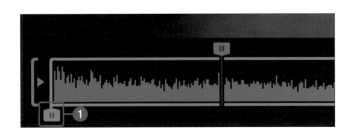

④ ドラッグして止めたところがイン点（開始点）になります❶。

💡 開始点をイン点、終了点をアウト点といいます。

⑤ 同じように波状部分の右端にあるアウトハンドル□を左方向にドラッグして動かし❶、アウト点（終了点）を決めます。

⑥ イン点とアウト点の設定を行うと、ビューアはスプリットビュー化されて左端にイン点の最初のフレーム❶、右端にアウト点の最後のフレームが表示されます❷。

⑦ ビューアの中からドラッグし、タイムライン上にドロップします❶。

8 タイムラインに先ほどのクリップが配置されます❶。

ビューアの再生キー▶をクリックする（または[スペース]キー押す）と、タイムライン上の再生ヘッドが動き、ビューアに表示されます。

✏ メディア内のツール

❶スマート挿入	再生ヘッドにもっとも近い編集点にクリップを自動で挿入します。
❷末尾に追加	タイムラインの末尾にクリップを追加します。
❸リップル上書き	選択したクリップと新しいクリップを差し替えます。編集対象よりも右にあるクリップは移動されます。
❹クローズアップ	クリップを拡大したクローズアップを作成します。現在のビデオトラックの上に配置されます。
❺最上位トラックに配置	クリップをタイムラインのいちばん上に配置します。新しいトラックが自動的に作られます。
❻ソース上書き	マルチカム（複数のカメラ）でTC（タイムコード）同期がされている状態のとき、TC準拠で別カットに上書きができます。

✏ イン点・アウト点の設定

DaVinci Resolveを始めとするノンリニア編集ソフトには、共通のショートカットがいくつかあります。その代表となるのがイン点・アウト点の設定です。イン点はキーボードの[I]キー、アウト点はキーボードの[O]キーで設定できます。イン点・アウト点を付け直す場合も同様です。ハンドルのドラッグよりも操作がかんたんなので、覚えておくとよいでしょう（イン点・アウト点の削除はDaVinci Resolveでは[option]＋[X]キーになります（Windowsの場合は[Alt]＋[X]キー））。再生ヘッドを任意の場所に置いて、ビューアの左端と右端にあるハンドルを動かして、そのクリップの使用する範囲を決めます。波形の左右端にあるジョグイン・ジョグアウトをクリックしてドラッグすると編集点を小さく移動できます。細かい調整時に使うとよいでしょう。手動でも構いませんが、キーボードショートカットのイン点＝I（アイ）、アウト点＝O（オー）でイン点・アウト点を作成することができます。イン点・アウト点をリセットしたい場合は[option]＋[X]キー（Windowsの場合は[Alt]＋[X]キー）で削除できます。

9 次のカットをタイムラインに配置しましょう。「DSCF5936」のクリップを配置したいと思います。クリップの順番はあとで入れ替えることもできますが、おおまかに「繋げる順番」に並べていくとよいでしょう。ツールを使ってクリップを追加します。「DSCF5936」のクリップを選択し❶、🖼️（末尾に追加）をクリックします❷。

💡 タイムラインは複数の「トラック」を作ることができます。現在メイントラックには「V1」と「A1」という表示がされています。カットページではクリップのビデオとオーディオを組み合わせた形で、タイムライン上では1つのトラックとして表示されています。

10 タイムラインの最後にクリップが追加されます。全体タイムラインを見てわかるように、2つ目のクリップとして末尾に配置されました。

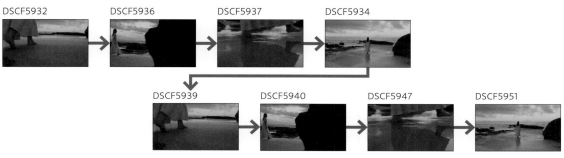

💡 ツールボタンはありませんが、F10キーで上書きができます。再生ヘッドの位置から後ろに選択したクリップが上書きされます。

DSCF5932 → DSCF5936 → DSCF5937 → DSCF5934

DSCF5939 → DSCF5940 → DSCF5947 → DSCF5951

8つのクリップがタイムライン上に並びました。

クリップを分割／削除／トリムしよう

クリップが並んだところで、余分な部分を分割／削除し、
編集点をトリムして「画を繋げて」いきましょう。
クリップの編集後は、再生をしてきちんと繋がっているかの確認を必ず行いましょう。

クリップを分割して削除する

① 最初のクリップはイン点とアウト点を決めて配置したので、ひとまず置いておいて、2つ目のクリップから調整していきます。全体タイムラインの再生ヘッドを1つ目のクリップと2つ目のクリップの間にドラッグして移動させます❶。

② タイムライン上でマウスを左右にドラッグすると映像が正方向・順方向に動きます。少し進めて、女性がフレームに入ってくるあたりで止めます。ここを2つ目のカットのイン点にします❶。

💡 2つのクリップの設置面をクリックすると、「編集点」を選択した状態になります。1つ目のクリップの最後は緑に、2つ目のクリップの最初は赤になっています。

 編集点

クリップ端の緑は伸ばせる（素材がこのあともある状態）、赤は伸ばせない（素材が前後にそれ以上ない状態）を示します。1つ目は事前にトリムして配置し、2つ目はトリムせずに配置したからです。

現在の再生ヘッドの位置でクリップを分割します。タイムライン左側のハサミのアイコン🔪をクリックをします❶。

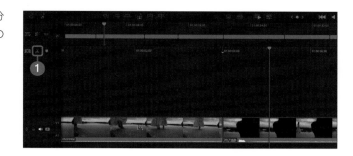

 クリップが分割されます❶。

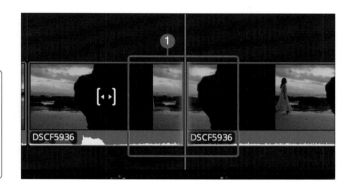

💡 分割方法はほかにも、⌘/+Bキー（ブレード）（Windowsの場合はCtrl+Bキー）、または⌘+¥キー（クリップ分割）（Windowsの場合はCtrl+¥キー）を押す方法と、再生ヘッドを右クリックして、表示された🔪をクリックする方法もあります。やりやすい方法で分割してください。

 不要な前の部分を選択し、Deleteキーを押して削除します。該当のクリップが消え、後ろのクリップが1つ目のクリップの直後に並びます❶。

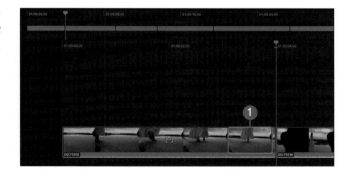

 リップル削除

手順⑤の削除方法を、「リップル削除」といいます。リップル削除とは、前のクリップと後ろのクリップの間に空白を作らないように間を詰める削除方法です。一方、間を開けたいときは、「タイムラインオプション」で[Ripple On]のチェックを外す、または🔲をクリック、またはクリップを消去した際に、該当部分は間が詰まらず、空白（黒画面）になります。また、後ろのクリップを移動させたり、空白を選択して削除したりすることで、空白はなくなります。意図的に黒画面などの演出を使う際などで使い分けるとよいでしょう。

クリップをトリムする

① 続いて2つ目のクリップのアウト点を作りましょう。クリップを進めてみると最後のほうで女性が手を挙げて顔を触る仕草があります。手を上げ切る前にクリップを終わらせたいと思います。少しクリップを戻して、女性が右足を着地させる前くらいに再生ヘッドをドラッグします**①**。

② クリップの最後をクリックして選択します**①**。

💡 動画編集において、クリップの「削除」と「トリム」は異なります。クリップの削除は、不要な部分を完全に取り除くことを指します。一方でトリムはクリップの一部を切り取り、必要な部分だけを残します。編集時には使い分けが重要です。

③ 編集点をドラッグすることで、選択して
いるクリップをトリムすることができま
す❶。

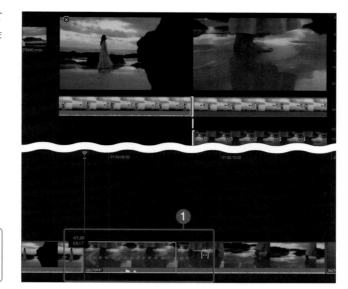

 ［Ripp;e on］のチェックが入っていれば、
伸ばしたり削ったりしても、あとのクリップが
付いてくるので便利です。

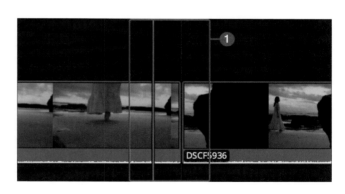

④ 最後に、1つ目と2つ目のクリップの編
集点がきれいに繋がっているかを、再生
して確認してみましょう❶。

再生してみる

繋ぎ目が
自然に見えるか確認

✎ 再生確認のショートカットキー

調整した編集点を再生確認をするとき、便利なショートカットが／キーです。／キーは操作した編集点の近辺を自動的に
再生してくれます。マウス操作で編集点の前にから再生をかけるよりも手早く編集調整結果のプレビューができるので、
こちらも覚えておくとよいでしょう。これはエディットページでも同様です。

編集点を調整しよう

動画編集における「編集点」とは、シーンやクリップを結ぶ重要なポイントのことを言います。
編集点を調整することで、動画のカットや開始、終了などを調整することができます。

編集点を調整する

前節の編集後の動画を再生してみると、1つ目のクリップが少し長く感じるのと、2つ目のクリップの始まりがもう少し女性が見えていてもよさそうです。そこで、1つ目のクリップの終点をもう少し前に、2つ目のクリップの始点をもう少しあとにトリムし直します。

トリムのタイミングの目安は、1つ目のクリップは左足が地面に着く直前。2つ目のクリップも左足が地面に着く直前を狙います。同じ動きの被写体を違うカットを跨ぐとき、同じアクションのタイミングで繋ぐことで自然な編集点になります。これは一般的に「アクション繋ぎ」といわれています。

① 今回は例として、左足が着く前あたりで62ページを参考にクリップを分割します❶。

② 2つ目のクリップも、左足が着く前あたりで62ページを参考に分割します❶。

分割した2つのクリップ両方を削除して❶、繋ぎ目を再生してみましょう。

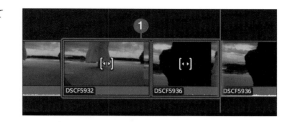

 2つのクリップの設置している場所をクリックして編集点を選択し、左右にドラッグすることで編集点の移動ができます❶。

 同じように2つ目と3つ目のクリップの繋ぎ目も「アクション繋ぎ」を意識して整えます。2つ目のカットの終わりが女性の右足が地面に着く寸前なので❶、3つ目のカットの始まりは同じく右足が地面に着く寸前のところから始めましょう❷。62〜65ページを参考に分割して、不要な部分を削除、または該当箇所までトリムします。カットしたら、繋ぎ具合を確認します。

✎ 編集点の調整はナッジ操作が便利

1フレーム分など、編集点を細かく調整したいとき、マウスやトラックパッドだけだと操作が難しい場合があります。そういうときは編集点（クリップの繋ぎ目や頭や末尾）を選択した状態で、キーボードの⌨（カンマ）キー、⌨（ピリオド）キーを押すことで、それぞれ逆方向、順方向に1フレームずつ動かす（増やす、減らす）ことができます。この操作を「ナッジ」と呼びます。また、Shift キーを押しながら方向キーを押すと、5フレームずつ動かす操作が可能です。覚えておくとよいでしょう。

⑥ 3つ目のクリップの終点を決めます。まずは女性の右足がフレームアウトしたあたりでカット、またはトリムします❶。

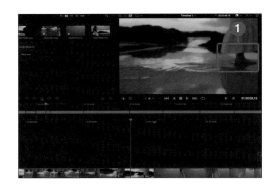

⑦ 4つ目のクリップの始点を決めます。前のクリップとの繋がりを考えると、右足が着地するあたりを始点にするとよいでしょう❶。気持ちよい繋がりになるように、編集点を調整します。

⑧ 4つ目のクリップの終点を決めます。女性が立ち止まるところでカットします❶。

⑨ 5つ目のクリップの始点を決めます。クリップの内容を確認しましょう。4つ目のクリップの終わりが立ち止まったのに対して、5つ目のクリップは始まりが停止状態でクリップの終わりが歩きっぱなしで、止まりません。これでは画的に繋がりません。4つ目と5つ目のクリップを入れ替えましょう。

5つ目のクリップの最初

止まった状態から歩き出す

5つ目のクリップの最後

歩きっぱなしで止まらない

クリップの順番を入れ替えよう

いくつもの動画のクリップをタイムラインに並べてみて、順番を入れ替えたい場合、
ドラッグ＆ドロップの操作で自由に入れ替えることができます。

クリップの順番を入れ替える

1　今回は例として、4つ目のクリップと5つ目のクリップを入れ替えます。5つ目のクリップをドラッグし❶、4つ目と3つ目のクリップの編集点に移動します。

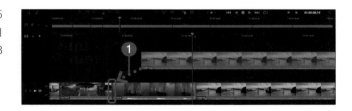

2　編集点が青（紫）になったらドロップします❶。5つ目のクリップが4つ目のクリップ（「DSCF5939」）の前に入る形になり、クリップの順番が入れ替わります。

💡　クリップの入れ替えに関してはカットページが便利です。エディットページでは ⌘ （Ctrl）＋ Shift キーを押しながらドラッグ、または任意のクリップを選択して ⌘ ＋ Shift ＋ , キー（Windowsの場合は Ctrl ＋ Shift ＋ , キー）で前へ、⌘ ＋ Shift ＋ . キー（Windowsの場合は Ctrl ＋ Shift ＋ . キー）で後ろへ入れ替えが可能です。これらはカットページでは無効です。

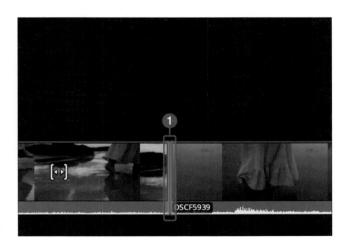

3　クリップが入れ替わったところで、66ページを参考に編集点を調整し直します❶。再生をして違和感のないように調整をしましょう。

💡　4つ目となった「DSCF5934」のクリップ（女性の後ろ姿）の始点を、2歩目の右足踵が上がったあたりに決めてクリップをトリムします。

④ 入れ替えた4つ目のクリップの始点も違和感のないように、クリップをトリムしましょう**❶**。

💡 「アクション繋ぎ」（66ページ参照）は前後のカットの繋がりで、動いている足や腕の方向、高さなどが同じ動きに見えるように繋ぎます（右足の踵が上がったあたりがアクションとして繋がるように意識します）。この繋がりがおかしいと視聴者にとっての「違和感」となります。「違和感がないように」というのは編集作業でとても重要です。違和感があると視聴者がその作品に集中できなくなってしまいます。撮影時も編集を意識して注意をすることが大切です。

⑤ 「DSCF5934」のクリップの終点を決めます。次のカット（フレームインで足が出てくる）との繋ぎを考慮して、始点から何歩か歩いたあと、右足が前に出るあたりでトリムします**❶**。

⑥ 次のクリップ「DSCF5939」との繋がりを確認します。クリップを入れ替えたことでよい感じに繋がります。うまく繋がって見えるように編集点を調整します**❶**。右足が見えないように少し始点を伸ばすイメージです。

⑦ 「DSCF5939」の終点は立ち止まった画になっています。次のクリップの「DSCF5940」が立ち止まった女性のカットになっているので、始点はそのままでもきれいに繋がります**❶**。

⑧ 終点を決めます。女性が瞬きをする前くらいのところでクリップをトリムします**❶**。

⑨ 次の「DSCF5947」のクリップは最初、女性が足元を見ています。前のカットでは女性は遠くを見ているので、同じように女性が遠くを見つめ出すあたりを始点にします**❶**。

⑩ 続いて終点を決めます。クリップの最後の方でカメラがガクンと動いてしまうので、その前を終点とします**❶**。

⑪ 次のカットの「DSCF5951」は足元に波が被る画になっていますが、現在の「DSCF5947」のカットでは足元に波が近づいていないため、編集に違和感が出てしまいます。クリップを入れ替えても違和感が出てしまいますが、自然に見せるため次の節ではトランジションを使います。

「DSCF5947」の終点

足元に波が来ていない

「DSCF5951」の始点

足元に波が来ている

トランジションを使ってみよう

クリップの変わり目を今までのようなカットイン・カットアウトではなく、前後のクリップを重ね合わせて、徐々に後ろのクリップを表示していく「クロスディゾルブ」を使ってカットの変化を演出します。

トランジションを使う

1 任意のクリップの編集点を選択し❶、クロスディゾルブアイコン  をクリックします❷。

💡 アイコンをクリックする代わりに、 Ctrl + T キーを押してもOKです。

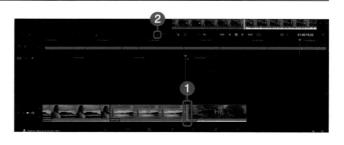

2 ディゾルブがかかります❶。ディゾルブをかけたクリップを再生して確認すると、前のクリップがゆっくり消えていき、それと同時に次のクリップがゆっくりと現れて、切り替わります。違和感なくクリップの切り替えを演出できます。ディゾルブはこうした「時間経過」や「場所の変化」などを表現することができます。

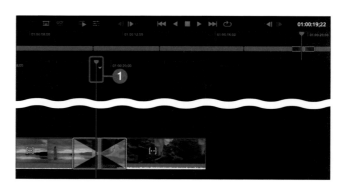

✏️ ディゾルブの効果

ディゾルブをかけたクリップを再生して確認しましょう。前のクリップがゆっくり消えていき、それと同時に次のクリップがゆっくりと現れて切り替わり、違和感なく繋げています。ディゾルブはこうした「時間経過」や「場所の変化」などを表現することができます。

  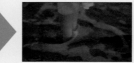 

③ ドラッグでトランジションの長さを変更できます❶。

💡 ディゾルブのようなクリップの変化のトランジションは、編集点を境に前のクリップと後ろのクリップの前後1秒ずつをベースに重ねているイメージです。トランジション自体の長さは調整可能ですが、前後のクリップに十分な「余白（のり代）」がないと、トランジションはかけられないので注意が必要です。撮影時にもクリップの始めと終わりに少し余裕を持って撮影しておくとよいでしょう。

④ トランジションを消したい場合は、編集点のトランジションをクリックして選択し❶、[Delete]キーを押す、またはカットのアイコン■をクリックします❷。

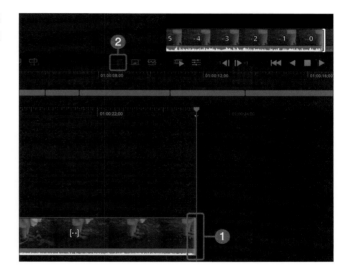

⑤ 動画の最後に余韻をもたせて終わらせるために、クリップの最後にディゾルブをかけて、黒フェードアウトのような形で最後を締めます。最後のクリップの端を選択して、ディゾルブをかけます❶。ゆっくりと黒画面になって映像が終わります。

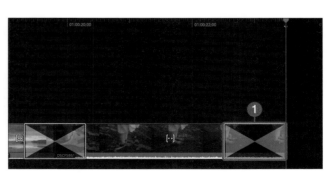

トランジション・エフェクトの種類

クリップとクリップを繋ぐ編集点（カットチェンジ）にかけるものをトランジション、クリップ（画）自体に何らかのイメージを変更するものをエフェクトと呼んでます。DaVinci Resolveにはたくさんのトランジション、エフェクトが標準で用意されています。ディゾルブ（クロスディゾルブ）のほかにもいろいろなトランジションがあります。ブラー（ぼけ）でカットチェンジするものや、図形やクリップ自体を押し出したりする動きでカットチェンジするものなどがあります。本書では紹介しきれないので、ぜひご自分で試してください。

トランジション（ビデオ・オーディオ）

名称	例
ディゾルブ	カラーディゾルブ、クロスディゾルブ、スムースカット、ブラーディゾルブ
アイリス	ひし形アイリス、アローアイリスクロス型アイリス、三角型アイリス
モーション	スプリット、スライド、ドア、プッシュ
シェイプ	ハート形、ボックス、星
ワイプ	Xワイプ、クロックワイプ、エッジワイプ、センターワイプ
Fusionトランジション	Circle Spin、Flip 3D、Mosaic、Glow
ResolveFXカラー	DCTLトランジション
ResolveFXスタイライズ	バーンアウェイ

編集点（クリップの変わり目）にかけるのがトランジションです。マウスオーバーすると、ビューアにプレビュー表示されます。

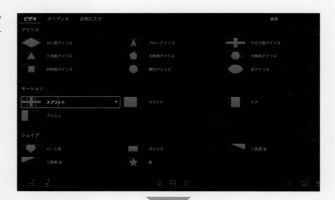

適用したいトランジション項目をダブルクリック、またはドラッグ＆ドロップすると、クリップに適用されます。削除したいときは、トランジションアイコンを選択して Delete キーを押します。

📑 エフェクト（ビデオ）

名称	例
エフェクト	Fusionコンポジション、調整クリップ
Fusionエフェクト	DVE、CCTV、Slice、DSLR
ResolveFXカラー	カラーの反転、かすみの除去、カラースペース変換、色順応
ResolveFXキー	3Dキーヤー、HSLキーヤー、アルファマットの縮小＆拡大
ResolveFXシャープ	シャープ、シャープエッジ、ソフト＆シャープ
ResolveFXジェネレート	カラージェネレーター、カラーパレット、グリッド
ResolveFXスタイライズ	エッジ検出、ドロップシャドウ、エンボス、ミラー
ResolveFXテクスチャー	アナログダメージ、テクスチャーポップ、フィルムダメージ
ResolveFXテンポラル	ストップモーション、モーションブラー、モーショントレイル
ResolveFXトランスフォーム	カメラシェイク、ビデオコラージュ、変形
ResolveFXブラー	ブラー（ガウス）、ブラー（ズーム）、ブラー（方向）
ResolveFXライト	アパーチャー回折、グロー、ハレーション、レンズ反射

エフェクトは、クリップに対してイメージの変更をかけるものです。タイムライン上のクリップを選択して、任意のエフェクトをダブルクリック、またはドラッグ＆ドロップで適用します。エフェクトの細かい調整は、インスペクタで行います。インスペクタ内のオン・オフのボタンで適用の有無、ゴミ箱ボタンでエフェクトの削除ができます。

エフェクトがかかったクリップは「fx」と表示される

音を調整しよう

動画撮影時に録音した音には、カメラマンの指示の声や、割れた風の音、カメラ操作のタッチノイズなどが入っています。音量を調整したり、別の音声を挿入したりしてみましょう。ここでは、クリップの音声を使わずに、「Wave」という波音の音声ファイルを当てて仕上げることにします。

映像クリップの音をミュートする

(1) トラックの音声アイコン🔊をクリックすると❶、音のミュートのON/OFFを切り替えることができます。

クリップごとに音量を調整する

(1) ビューアにあるツールアイコン▦をクリックします❶。

(2) ツールパレットが開きます❶。

ツールの対象は「現在選択しているクリップ」になります。

③ ツールパレットは左から効果のON/OFF❶、音量のボリューム調整、リセットです。ここでは、一番右の♪をクリックして選択します。

効果の ON/OFF　ボリューム調整　リセット

④ 試しにボリュームを上げ下げすると、タイムラインの波形の高さが上がり下がりします。0にすると波形が見えなくなります。

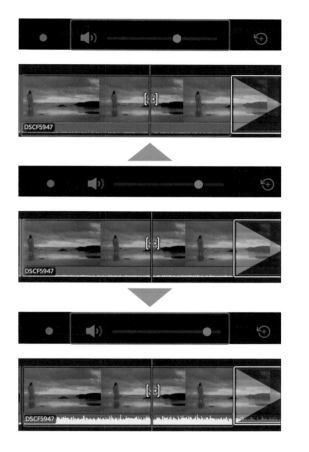

⑤ 調整はクリップごとに行いますが、複数クリップを選択して、同時に調整することができます。全体選択（⌘＋Aキー（Windowsの場合はCtrl＋Aキー））でタイムライン上のクリップをすべて選択した状態にし、ボリュームのスライダーを左右にドラッグして、音量を調整します❶。音量は右にある音声メーターで確認することもできます❷。

手順⑤でボリュームのスライダーを左端までドラッグしてボリュームを下限まで下げると、クリップの音声の波形が見えなくなります❶。

別の音声データを動画に挿入する

波音の「Wave」（音声ファイル）をタイムラインに加えます。追加方法は、①ダイレクトにタイムラインの現在のトラックの下に音声ファイルをドラッグ＆ドロップする、②自分でオーディオトラックを追加した上でそこに音声ファイルをドラッグ＆ドロップする、③「最上位ト

ラックに配置」アイコンを使う（「最上位トラック」とありますが、音声ファイルなので、オーディオトラックが自動生成されてそこに配置されます）、の3つの追加方法があります。今回は音声ファイルの使用範囲を決め、③で追加します。

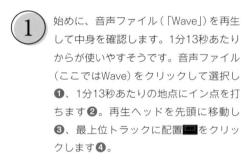 始めに、音声ファイル（「Wave」）を再生して中身を確認します。1分13秒あたりからが使いやすそうです。音声ファイル（ここではWave）をクリックして選択し❶、1分13秒あたりの地点にイン点を打ちます❷。再生ヘッドを先頭に移動し❸、最上位トラックに配置▆▆をクリックします❹。

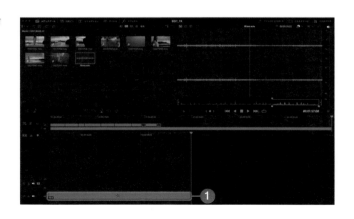 オーディオトラックが作成され、音声ファイルが配置されます❶。

③ タイムラインの頭から再生してみます。だいたいよさそうな感じなのですが、少し波音が大きい印象なので少しだけ音量を下げて、音声ファイル自体が長いので余っている部分をカットします。ビューアで確認をしながら、音声ボリュームをドラッグして調整します❶。

④ 62〜65ページを参考に余った部分を削除します❶。

⑤ 音声クリップは映像クリップと同様にディゾルブをかけることができます❶。編集点を選択してショートカット（ ⌘ ＋ T キー（Windowsの場合は Ctrl ＋ T キー））か ■ をクリックします。波音のクリップの最初と最後にもディゾルブをかけて、ゆっくり音が入り、ゆっくり音が消えていくようにしましょう。

 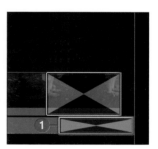

✏️ 音量メーター

音のレベルは、耳で聞くだけでなく、音量メーターを見て確認します。デジタルオーディオは0を超えるとクリップが音割れします。0を超えないようにすることはもちろんですが、その作品全体の中での音量バランスを考えることが重要です。

テロップを入れてみよう

本章で作った作品はセリフなどがない映像ですが、冒頭にタイトルを、映像の最後にエンドクレジットをいくつか入れてみます。カットページ左上の「タイトル」を選択すると、たくさんのタイトルが表示されます。今回は基本となる「テキスト」を使ってみましょう。

テロップを挿入する

1. [タイトル]をクリックし❶、[テキスト]をタイムラインの最初のクリップの前にドラッグします❷。

2. タイムラインに配置した「テキスト」クリップをクリックして選択し❶、[インスペクタ]をクリックします❷。

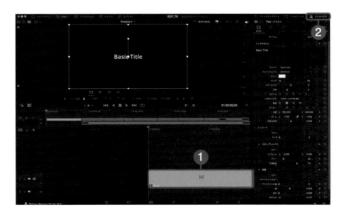

💡 インスペクタが開かれ、このテキストに対しての細かい設定ができます。「タイトル」が字幕の内容とデザイン・レイアウトに関する設定、「設定」がこの「テキスト」クリップを「ビデオクリップ」として扱うときの設定になります。

③ 「タイトル」タブをクリックし❶、「リッチテキスト」の中に、テロップ（ここでは「Daybreak」）を入力します❷。入力するとビューアにも反映されます。ビューアの中の文字もDaybreakと表示されます。

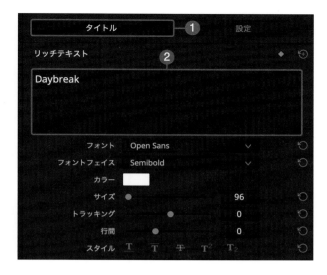

④ 下の項目から、「フォント」や「サイズ」、「カラー」、そのほかの文字の装飾を行うことができます❶。「フォント」の項目をクリックし、[Open Sans] クリックしてを選択します。ビューア上に選択したフォントがプレビュー表示されます。

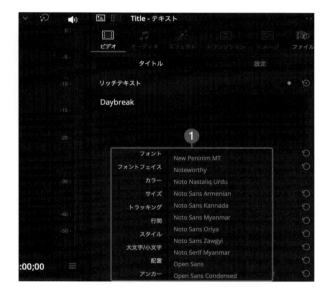

⑤ 黒バックではドロップシャドウのイメージが掴めないので、タイムラインに配置した「テキスト」をドラッグ＆ドロップで移動させて、最初の映像クリップ（「DSFC5932」）に被さるようにします。右画面のように、テキストが「DSCF5932」の上に載って見えればOKです。背景があるとドロップシャドウの加減がわかるので、この状態で調整します。

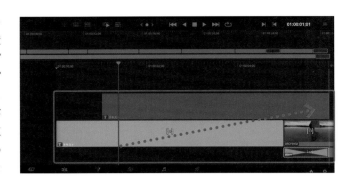

⑥ インスペクタでテキストの情報を調整します。「フォント」❶、「サイズ」❷、「トラッキング」❸、「ドロップシャドウ」❹の4つの項目を調整しましょう。

 文字に装飾を付ける

フォントフェイス

ボールドやイタリックなどに表記（フォントの太さやデザイン）を変更できます。

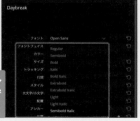

フォントのスタイルを変更することができる

カラー

テキストのベタ塗りを変更できます。今回は白字でよいでしょう。

フォントのカラーを変更したい場合はクリック→カラーパレットが表示される

サイズ

テキストの大きさを変更可能です。

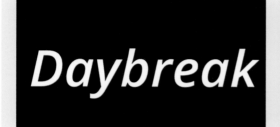

| サイズ | ● | 401 |

トラッキング

文字間の調整ができます。

| トラッキング | ● | 25 |

ストローク

インラインの調整です。数値を上げると、テキストの内側のインラインが太くなります。

アウトラインが付けれないので、もしアウトラインの調整をしたい場合は164ページで解説する「テキスト+」を使用します。

ドロップシャドウ

文字に影を付ける項目です。「オフセット」の数値を動かすことで、文字の影が可視できるようになります。「ブラー」は影のボケ具合、「不透明度」は影の透明度を変更できます。■■ は 効 果 のON/OFF（DaVinci Resolve共通）になります。

テキストの長さ調整とトランジション追加を行う

① テキストの内容が決まったら、テキストの長さの調整を行い、トランジションを使います。[Ripple On] のチェックを外します❶。

💡 今回は例として、「黒画面から始まってパッとテキストが現れ、そのあとに画が見え、テロップがゆっくりと消えていく」という感じにします。リップル削除しないように [Ripple On] のチェックを外します。その上でテロップの冒頭を少し分割し、不要な部分を削除します。削除した部分がリップルされずに黒画面として残ります。

② 「テキスト」クリップの冒頭部分を分割します❶。

③ 分割した部分を Delete キーで削除します❶。削除しても黒画面として残ります❷。

④ 画面が現れたあと、テキストが消えていくのに、少し余韻が足りなく感じるので、「テキスト」の終点をドラッグして尺を少し伸ばします❶。

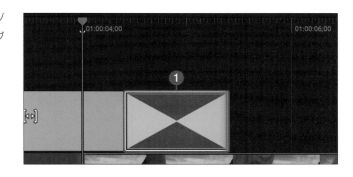

(5) テキストの終点を選択し、クロスディゾルブをかけます❶。クロスディゾルブの尺は好みで調整してください。

(6) 黒画面に文字が現れたあとに画面が現れ、ゆっくりと文字が消えていく、という編集結果になりました。

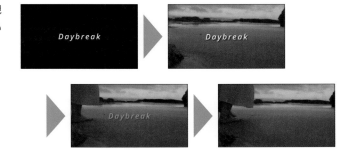

(7) タイムラインの最後に同じ要領で「エンドクレジット」を入れてみましょう❶。最後のクレジットはディゾルブで終わるのがよいです❷。行間なども含めて調整して作ってみてください。最後のカットはディゾルブをかけます。

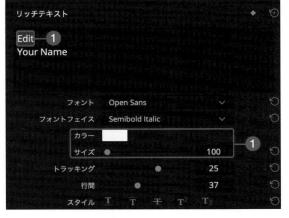

💡 同じテキスト内でテキストサイズを変更することができます。変更したい部分の文字をドラッグして選択し、「サイズ」の数値を変更します。「トラッキング」の変更も同じ手順で行えます。

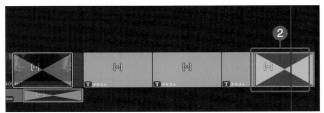

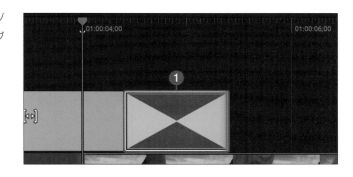

カットページのそのほかのツールを見てみよう

カットページには「クリップツール」と呼ばれるものがあり、編集で頻繁に使われる機能がアイコンで簡易表記されて、使いやすくなっています。

そのほかのツール

▱変形

クリップのサイズや位置、角度の変更ができます。

甘Crop

クリップのクロップができます。上下左右それぞれのクロップ、ソフトネスを調整可能です。ピクチャーインピクチャー（画面の中に小さくほかのクリップを載せる）のときなどに使います。

ダイナミックズーム

「ゆっくり拡大」「ゆっくり移動」など、下部の左半分の動きのアイコンを選択することで半自動でクリップに動きを付けることができます。下部の右半分の直線やカーブのアイコンは動き方の調整ができます。

合成

クリップの不透明度を調整できます。下にクリップが配置している場合、不透明度を調整したクリップの合成方法を変更することができます。

速度

速度調整ができます。速度の数値を増やすとクリップの速度が速くなり、数値を減らすとクリップの速度が遅くなります。速度を調整すると、クリップの長さが変わります。

■ スタビライズ

クリップの手ブレを分析し、手ブレ補正をかける機能です。操作は手ブレ補正の分析方法を選択して、■をクリックするだけです。手ブレ補正はズームや回転して処理するので、その分画角が変化し、画質（解像度）の劣化が起こります。ただし、対象のクリップが編集タイムラインの解像度よりも高ければ、解像度の劣化の心配は要りません。

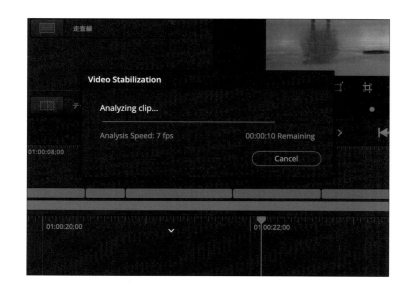

■ レンズ補正（Studio版のみ）

広角レンズなどを使用した際に起こる、レンズの歪みを修正します。分析による自動修正のほか、手動でも調整可能です。

■ カラー

自動でカラーを調整（補正）します。

Section

20

動画を書き出そう

編集した動画を1本の動画ファイルとして書き出します。
ここでは画面上にある「クイックエクスポート」を使って書き出します。

動画を書き出す

① ［クイックエクスポート］をクリックします❶。

② 書き出しのコーデック（ここでは ［H.264 (H.264 Master)]）をクリックして選択し❶、［書き出し］をクリックします❷。

 使える書き出し項目

カットページの書き出しで使える項目は、「H.264」「H.265」「ProRes」「YouTube」「Vimeo」「Twitter」「TikTok」「Presentations」「Dropbox」「Replay」があります（2024年2月現在）。

「Save As」に動画のタイトルを入力して
❶、「Where」に保存先を設定し❷、［保
存］をクリックします❸。

 動画の書き出しが開始されます。書き出
し中は、DaVinci Resolve上での操作が
できなくなります。

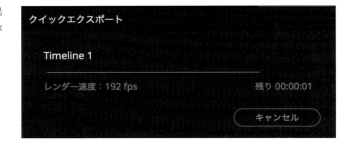

 動画の書き出しが終わると、Macの場合、
「QuickTime Player」が起動します（Windows
の場合は、「メディアプレーヤー」）。動
画を再生して確認しましょう。

✎ 書き出した動画をダイレクトに YouTubeにアップする

事前にYouTubeのアカウントにサインインしておけば
❶、［YouTube］をクリックするだけで、書き出したあと
にダイレクトにYouTubeへアップすることができます。

Chapter

3

エディットページ
（基本編）

第3章ではエディットページについて学んでいきます。カットページと同様に動画の編集を行う機能ですが、できることが増えており、カットページより複雑になっています。そのため、第3章で基本を、第4章で応用について紹介します。まずは基本からおさえていきましょう。

この章で学ぶこと

エディットページの基本を知ろう

①エディットページについて

エディットページでは、タイムラインの表示やビデオトラックとオーディオトラックなどのUIがカットページと異なっています。また、できることもカットページより増えています。

📘 エディットページの基礎を学ぶ

②タイムラインの作成

カットページと同様に、タイムラインを作成することから動画編集を始めます。タイムラインの作成方法はいくつかありますが、本書では2種類紹介しています。

📘 タイムラインの作成と設定

③クリップの配置

タイムラインを作成したら、動画の素材をクリップとして配置
しましょう。配置方法はいろいろな種類があります。

📖 **タイムラインにクリップを配置**

④クリップの編集

クリップを配置したら、編集を行いましょう。トリムしたり、
再生速度を変えたりすることができます。また、フェードイン
やフェードアウトを作成したり、オーディオクリップやテロッ
プを追加したりすることもできます。

📖 **クリップの編集**

⑤動画の書き出し

動画の編集が終わったら書き出しを行いましょう。ここでは、
デリバーページを使い、カスタマイズをして、動画を書き出す
手順を紹介します。

📖 **作成した動画の書き出し**

プロジェクトを作って
素材を読み込もう

始めに、エディットページを学んでいきましょう。この基礎編ではカットページと同じような
内容でトレーニングして、エディットページに慣れていただければと思います。
まずは3章で使う素材を読み込みましょう。

素材を読み込む

1 エディットページを開き、[新規プロジェクト]をクリックします❶。プロジェクト名を入力して❷、[作成]をクリックします❸。

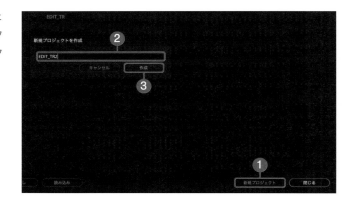

2 ダウンロードファイルの「EDIT_BOOK_02」のフォルダをメディアプールに読み込みます❶。

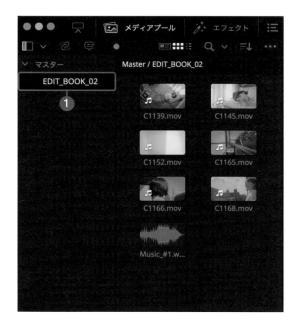

③ ［変更しない］をクリックします❶。

④ 画面右下の⚙をクリックして❶、「プロジェクト設定」画面を開きます。

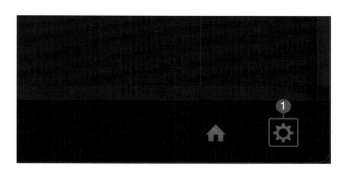

⑤ 「タイムライン解像度」を「1920×1080 HD」に設定し❶、「タイムラインフレームレート」を「23.976」に設定します❷。

 「タイムラインフレームレート」は「24」でも構いません。

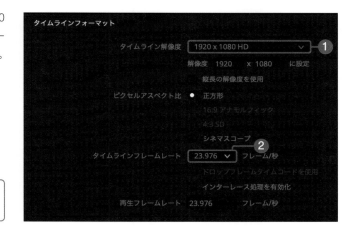

タイムラインフレームレート

フレームレートとは、1秒間に動画が何枚の画像で構成されているかの単位のことを指します。60fpsの場合は、1秒間に60フレームの画像で構成されているということです。「EDIT_BOOK_02」の素材は60～120fpsで撮られたハイスピード素材（スローモーション素材）なので、ハイスピード素材を活かすために、必ず自分でプロジェクトフレームレートを決めます。もし、自分が撮影した素材でない場合は、クリップを選択して「メタデータ」を確認することで、フレームレートを視認できます。

Section 22

エディットページの画面構成を確認しよう

エディットページのUIを確認しましょう。
基本的にはカットページと大枠は変わりませんが、もっと詳細になっています。
画面構成は主に4つのエリアから成り立っています。

画面構成を確認する

従来からあるノンリニア編集ソフトに近いです。大きく違うポイントとしてデフォルトではメディアプール内の素材を確認する「ソースビューア」と、タイムラインの編集結果を確認する「タイムラインビューア」の2画面

表示になっており、ボタン1つでカットページのように1画面で共用する表示にすることができます。編集方法はカットページと同じで、「メディアプール」の素材を「タイムライン」に配置して編集作業を行っていきます。

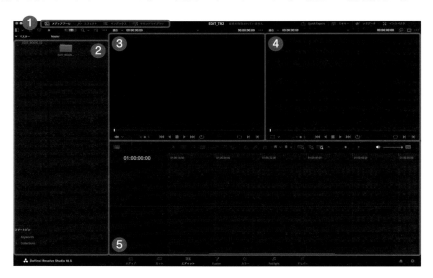

❶インターフェースツールバー	各項目をクリックすることで、エフェクトやミキサーなどの画面が表示されます。
❷メディアプール	読み込んだ素材が表示されます（DaVinci Resolove共通）。「タイムライン」や「複合クリップ」など、DaVinci Resolove上で作成した素材もここに表示されます。
❸ソースビューア	メディアプール内の「ソースクリップ」を再生します。編集に使用する場所（イン／アウト点）を決めたりします。
❹タイムラインビューア	タイムライン上の映像を表示します（編集した結果を確認）。
❺タイムライン	この中にクリップを置き、クリップを切ったり、並べ替えたりエフェクトをかけて1本の映像に編集します（この内容はDaVinci Resoloveで共通）。

インターフェースツールバーを確認する

「エフェクトライブラリ」や「編集インデックス」などの
インターフェースツールバーのグレーアウトしている項
目は、選択する（ハイライト状態）ことで表示されます。

必要に応じて表示させて使いましょう。これもDaVinci
Resolove共通です。詳細は使うときに説明します。

エフェクト	クリップにエフェクトを付けることができます。
インデックス	タイムラインでの使用されたクリップ類の詳細が確認できます。
サウンドライブラリ	無料のライブラリをダウンロードして使用することができます。
ミキサー	タイムライン全体と音声トラックごとに音声レベルが表示され、レベル調整ができます。
メタデータ	クリップの詳細データを確認できます。
インスペクタ	クリップの映像や音声に対して変更を加える際のウィンドウを表示します。

🔖 エフェクト

🔖 メタデータ

タイムラインとトラックの概念とUIを理解しよう

エディットページの構成やソフトウェアのあり方は、AdobeのPremiere Proや
AvidのMedia Composerなど従来からの「ノンリニア編集ソフト」に近いものです。

タイムラインの概念とUIを確認する

素材を取り込み、タイムラインに配置し、画を繋ぎ、音を合わせて仕上げる、という作業面ではエディットページ、カットページ共に変わりませんが、いちばん異なるのはタイムラインの表示や、ビデオトラックとオーディ

オトラックなどのUIでしょう。

カットページを学んだあとですが、DaVinci Resolve（ノンリニア編集ソフト）でのタイムラインの概念を共通認識として、改めて説明します。

1：再生ヘッドを動かすことで左から右へ時間が流れていく（正方向）

2：クリップを並べた順番で再生されていく

3：ビデオトラックとオーディオトラックがある（同期されたビデオとオーディオは別に操作することも可能）

4：動画、静止画、テロップ、画像など「画」に関わるものはビデオトラックに配置される

5：音声、音楽、効果音など「音」に関わるものはオーディオトラックに配置される

6：各トラックは自由に増やすことができる

7：ビデオトラックは「上にあるトラックが優先」

8：オーディオトラックは「配置されたトラックすべてが反映」される

9：タイムライン上のクリップは分割したり、削除したり、編集したりしても何度でもやり直せる

10：DaVinci Resolve上で取り扱う素材は「リンク形式」（元素材の場所にリンクをかけている）で、ソフトウェア上で変更をかけているため、元素材に直接変更を加えることはない

ビデオトラック
（上のトラックが優先して表示される）

オーディットトラック
（すべてのクリップが反映される）

時間軸

タイムラインとツールを確認する

続いてタイムラインの仕様とツールを確認しましょう。ここで覚えきれなくても、実際に使いながら自然と覚え

ていけるので安心してください。

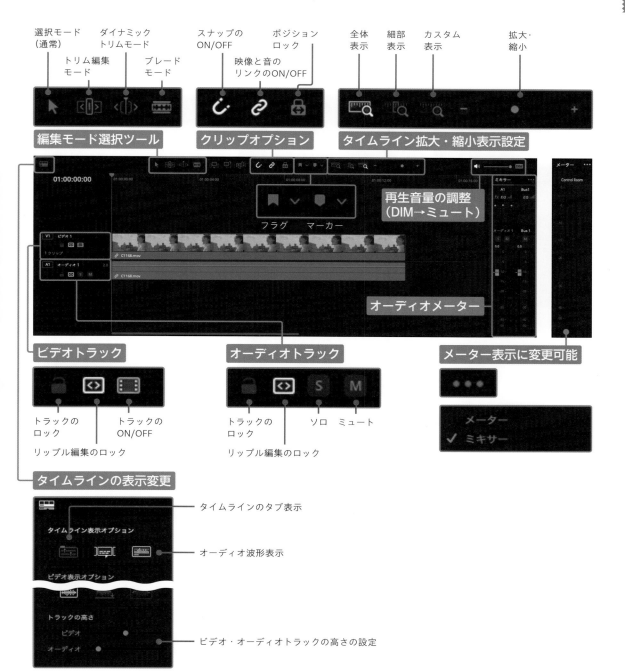

選択モード
（通常）

ダイナミック
トリムモード

トリム編集
モード

ブレード
モード

スナップの
ON/OFF

映像と音の
リンクのON/OFF

ポジション
ロック

全体
表示

細部
表示

カスタム
表示

拡大・
縮小

編集モード選択ツール

クリップオプション

タイムライン拡大・縮小表示設定

フラグ　マーカー

再生音量の調整
（DIM→ミュート）

01:00:00:00

V1 ビデオ1
1 クリップ

A1 オーディオ1
C1168.mov

オーディオメーター

ビデオトラック

オーディオトラック

メーター表示に変更可能

トラックの
ロック

トラックの
ON/OFF

リップル編集のロック

トラックの
ロック

ソロ　ミュート

リップル編集のロック

メーター
ミキサー

タイムラインの表示変更

タイムライン表示オプション

ビデオ表示オプション

トラックの高さ
ビデオ
オーディオ

タイムラインのタブ表示

オーディオ波形表示

ビデオ・オーディオトラックの高さの設定

インスペクタの内容を確認する

エディットページにはカットページのように簡略化された作業アイコンが少なく、クリップやオーディオの編集操作は「インスペクタ」を使用することになります。画面右上の拡大・縮小の切り替えボタンをクリックすると、インスペクタの表示を広くすることができます。オーディオを含むビデオクリップを選択した際は、インスペクタ内の「ビデオ」タブ、「オーディオ」タブで操作対象

の切り替えができます。ビデオ単独、オーディオ単独でクリップを選択すると、インスペクタは自動で認識してそれぞれを選択します。「イメージ」タブは、RAW素材をコントロールする際に使用します。「ファイル」タブは本誌では使用しませんが、複数のクリップのメタデータを編集することができます。

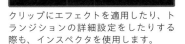

クリップにエフェクトを適用したり、トランジションの詳細設定をしたりする際も、インスペクタを使用します。

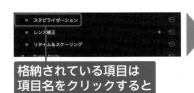

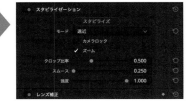

「ビデオ」タブ

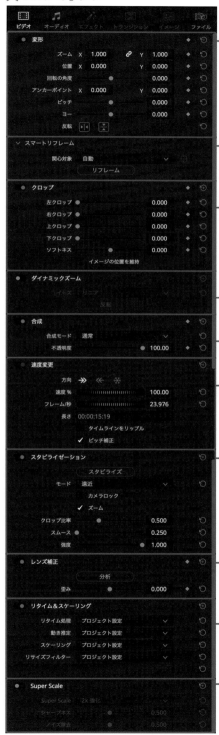

変形

クリップの大きさや位置、角度などを変更します。
反転やピッチ・ヨーの歪みも調整できます。

スマートリフレーム（Studioのみ）

横位置のクリップを縦位置動画として編集した際などに人物を検出して、人物が中心になるようにリフレーミングしてくれます。

クロップ

画面の上下左右を任意の数値でトリミング（切り取り）できます。
「ソフトネス」は4辺のブラー（ボケ）を調整します。
※「イメージの位置を維持」にチェックを入れることで、「変形」をかけたあとのイメージに対してトリミングすることができます。

ダイナミックズーム

ズーム効果を付けることができます。

合成

合成の種類の変更（加算・減算など）と不透明度の変更ができます。

速度変更

正方向・逆方向・フリーズフレーム（静止画）の作成クリップの速度変更ができます。

スタビライゼーション

クリップのブレを補正できます
（カラーページのスタビライザーと同様の効果）。

レンズ補正（Studioのみ）

広角レンズなどで撮影されたクリップの歪みを調整できます。
「分析」をクリックすると自動補正してくれます。

リタイム＆スケーリング

クリップの再生速度やスケーリングを変更した際のフレームの補完方法を選びます（オプティカルフローが質はよいですが、処理が重くなります）。

Super Scale

AIを使った超解像度技術です。
HDの撮影クリップを4Kの解像度に馴染むようにAIを使って、解像度を上げることができます。

「オーディオ」タブ

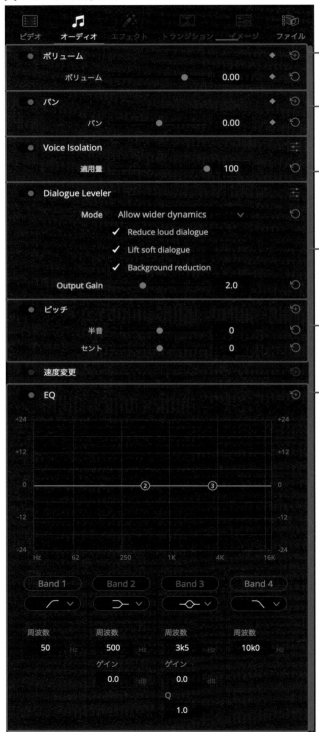

ボリューム

クリップの音量を調整できます。

パン

クリップの音の出力をLRのどちらかに振ることができます。

Voice Isolation

主音声と背景音と分離することができます。
ノイズリダクションの強化版のようなイメージですが、かけすぎると音声が歪みます。

Dialogue Leveler

クリップの音の中の大小のバランスを整えます。
「ラウドネス調整」の強化版のようなイメージです。
音の種類によってプリセットが用意されています。

ピッチ

クリップの音の高さを調整できます。
あまり使うことはありません。

EQ(イコライザー)

クリップの音声の周波数を調整できます。

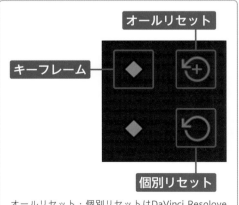

オールリセット・個別リセットはDaVinci Resolove
共通です。オールリセットはその項目のすべての設
定をリセットし、個別リセットはその項目の一部の
みをリセットします。キーフレームについては157
ページで説明します。

タイムラインを作成しよう

エディットページでもタイムラインを作成しましょう。
作成方法はいくつかありますが、ここでは新規で作成する方法と、
メディアプール内のクリップを移動させて作成する方法の2種類を紹介します。

新規タイムラインを作成する

(1) メディアプール内の空欄でクリックして、［タイムライン］→［新規タイムラインを作成］の順にクリックします❶。

(2) タイムラインの名前を付けます（ここでは「EDIT_02」）❶。［作成］をクリックします❷。

タイムラインをドラッグ＆ドロップで作成する

① メディアプール内のクリップを、タイムライン上にドラッグ＆ドロップします❶。

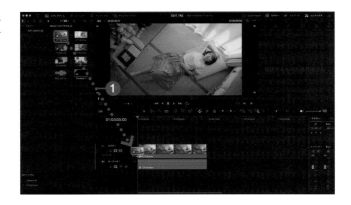

② メディアプール内に「Timeline 1」という名前でタイムラインが自動的に作成されます。

> 💡 タイムラインの名前はあとから変更することができます。変更する場合は、名前部分をクリックして、新たな名前を入力しましょう。

> 💡 「タイムライン」を作る際は、メディアプールの「マスター」を選択した状態で作成すると、マスター直下に作ったタイムラインが置かれます。複数タイムラインを作る予定がある場合などは特に、作ったタイムラインがどこにあるか把握できるようにしておくとよいでしょう。

Section 25

タイムラインにクリップを配置しよう

タイムラインにクリップを配置していきます。
配置の前にカットページのときと同様に、クリップの内容を確認しましょう。

配置するクリップの内容を確認する

① メディアプール内のクリップをダブルクリック（もしくは任意のクリップをソースビューアにドラッグ）することで①、ビューア上でプレビューが可能になります。シングルビューアへの切り替えは右上の■をクリックします②。

スキムツール　　　再生ツール　　　I/O点

💡 クリップをクリックして選択し、クリップ内でドラッグを行うと、アイコン内でスキム再生（要約再生）され、内容を確認することができます。

② シングルビューアに切り替わります。■■をクリックすると①、もとのデュアルビューアに戻ります。

💡 デュアルビューアには、ソースビューアとタイムラインビューアが同時に表示されます。

再生ツール左側のスキムツールをドラッグするか、メディアプール内の任意のクリップのアイコンをドラッグすることで、スキム再生（要約再生）で内容を確認することができます。今回のクリップはすべてスローモーション素材で音声がありませんので、ご承知おきください。

ドラッグすると
スキム再生される

C1145.mov

この章で使うクリップ

C1139

室内。女性が横たわっている様子を俯瞰のアングルからカメラが寄っていくカット

C1145

横向きに眠っていた女性が起き上がり、カーテンを開けるカット

C1152

窓の外からカーテンを開ける女性のカット

C1165

場所が変わって外。ベランダの手すりに女性が手を付けるカット

C1166

同じく外。スカイツリーを眺める女性の後ろ姿。フォーカスが手前から奥へ動く

C1168

同じく外、アングルが変わって、笑顔になる女性のカット

Music_#1

神秘的なBGMです

クリップの内容を確認し、撮り順（クリップの並んでいる順番）通りに並べて繋げていくことで、「部屋で寝転んでいた女性がふと窓外を眺め、外に出て気分一新、笑顔になる」という映像になることがわかります。では順番にクリップを配置していきましょう。

使用範囲を指定してクリップを配置する

① メディアプール内にある配置したいク
リップをクリックして選択し、ダブルク
リックをします❶。ソースビューアに
プレビューが表示されます。

② ●（イン点）と█（アウト点）を左右にス
ライドして調整し、クリップの中で使用
する範囲を決めます❶。▶▌と▌◀をクリッ
クして決めることもできます❷。

> 💡 ショートカットキーを使うこともできま
> す。
> ・イン点：Ⅰキー
> ・アウト点：Oキー
> ・範囲の削除：option＋Xキー（Windowsの場合
> 　はAlt＋Xキー）

③ 使用範囲を指定したら、ソースビューア
をクリックして❶、タイムラインへド
ラッグ＆ドロップし❷、クリップを配
置します。

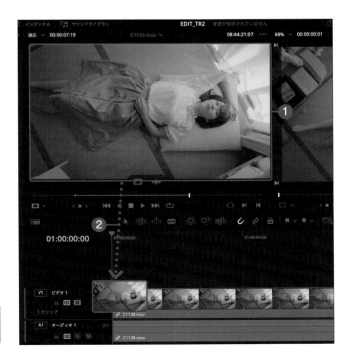

> 💡 メディアプールのクリップサムネイル上で
> も、イン／アウト点の設定ができます。

ソースビューアからタイムラインにクリップをドラッグする際に、ビューアの画面上をドラッグすると「画と音」の両方、ソースビューアの下側中央にあるアイコンの■をドラッグすると「画」のみ、同じく▥をドラッグすると「音」のみがタイムライン上に配置されます。今回は音声のないクリップを扱うので、画のみをドラッグします。

タイムラインビューアにクリップを配置する

① もう1つの配置方法として、メディアプール内にある配置したいクリップをクリックして選択し①、タイムラインビューアへドラッグします②。

② 表示されるメニュー項目から配置方法を選択して、クリックします①。

💡 タイムライン上のツールでも、挿入、上書き、クリップの置き換えが可能です。

挿入	再生ヘッドの位置で選択したクリップを挿入（インサート）
上書き	再生ヘッドの位置で選択したクリップを上書き
置き換え	再生ヘッドの位置で選択したクリップと置き換え
フィット トゥ フィル	メディアプールで選択したクリップをタイムライン上の任意のクリップの尺に合わせて入れ替え
最上位トラックに配置	再生ヘッドの位置で自動的にいちばん上にトラックが作られる
末尾に追加	選択したクリップをタイムラインの末尾に追加
リップル上書き	選択したクリップを任意のクリップと尺を無視して入れ替え

クリップをトリム、クリップの編集点・再生速度を調整しよう

クリップのトリム操作（編集点の調整）について改めて確認しながら作業を始めましょう。
ここではクリップのトリムと、クリップの編集点、速度の調整を確認していきます。

「選択モード」（通常）と「トリム編集モード」

タイムラインのツールバーのアイコンで、エディットページにおけるタイムラインの編集モードを切り替えることができます。トリム編集モードでは、デフォルトのカットページのように「リップル」されます。一方の選択モードは、リップルされず、クリップの全体尺が変化しないモードです。ショートカットキーの[A]と[T]キーで編集モードの切り替えができます。

選択モード

トリム編集モード

▢ 選択モードの特徴

トリムでクリップを短くすると、ギャップが生まれます。

トリムでクリップを長くすると、ほかのクリップを上書きしてしまいます。

トリムしてもタイムラインに置かれたクリップの全体尺が変化しません。

◻ トリム編集モードの特徴

トリムでクリップを短くするとギャップを作らず、後ろのクリップが追従します。

トリムでクリップを長くしても、後ろのクリップには影響を与えません。

トリムすると、タイムラインの全体尺が変わります。

✎ ロールトリム

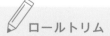

クリップとクリップの間の編集点を選択し、前後のクリップのタイミングを変更する（ロールトリム）際は、選択モードでもトリム編集モードでも共通の動きをします。

クリップを分割してトリムする

それでは順番にクリップをトリムし、
編集点を調整していきましょう。

① タイムラインを再生します。1つ目のクリップは女性にカメラが近寄ったあと、少しアングルが曲がって位置が
戻っていく動きをしています。9秒あたりのところでクリップを分割します①。

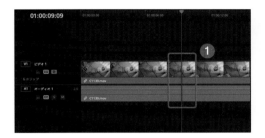

💡 クリップの分割はいくつかやり方があります。今回は「ブレード編集
モード」を使いましょう。ブレード編集モードにすると、ポインタがカッ
ターのアイコンになります。任意のクリップの上でクリックすると、その
部分でクリップが分割されます。

ブレード編集モード

ショートカットキー：Bキー

② クリップを分割したら、不要な部分を削除しましょう。分割した後半部分を選択して Delete キーを押します。
Delete キーで削除するとギャップが生まれます①。ギャップを消す場合は、ギャップを選択して Delete キーを
押します②。なお、 Shift ＋ Delete キーでリップル削除すると、ギャップが生まれません③。

📖 Delete キーで削除する場合

📖 リップル削除

クリップをクロスディゾルブで繋げる

次のカットとの繋ぎを考え、2つ目のクリップのイン点を考えましょう。1つ目のカットの最後は仰向け、2つ目のカットの最初はうつ伏せ（横向き）と、動きに繋がりがありません。1つ目のカットを使わず2つ目のカットから始める、という判断もアリかもしれませんが、ここはうまく2つ目のカットと繋げることができるようにクロスディゾルブを適用してみましょう（Sec.16参照）。

ディゾルブを使うことで、同じシチュエーションでも時間経過を感じることができます。カットページでもお伝えしましたが、ディゾルブをかけるには「余白（のり代）」が必要になります。2つ目のクリップの頭部分を少しカットしましょう（女性が目を窓の方に向けるあたりが目安）。

1つ目の最後のフレーム

ディゾルブで繋げる

2つ目の最初のフレーム

① 111ページと同じようにブレード編集モードに切り替えてクリップを分割、不要部分を選択して削除しても構いませんが、今度は違う方法でクリップを分割しましょう。ショートカットキーの ⌘＋Ｂキー（Windowsの場合はCtrl＋Ｂキー）を使うと、再生ヘッドの部分でクリップの分割が可能です❶。

② クリップの分割をしたら、不要な部分を Shift＋Delete キーでリップル削除しましょう❶。

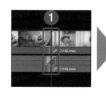

③ 続いて1つ目と2つ目のクリップの編集点を選択し、⌘＋Ｔキー（Windowsの場合はCtrl＋Ｔキー）でクロスディゾルブを適用します❶。デフォルトの設定では1秒（前後15フレーム）でかかっています。再生すると変化する時間が短く感じます。

クロスディゾルブの適用

クリップの再生速度を変更する

2つ目のカットを再生すると、スローモーションが長すぎる感じがします。モデルの女性が起き上がってカーテンに手をするまでが少し長いので、このクリップの再生

速度を「リタイムコントロール」コマンドを使用して変更し（速め）ます。

① 速度を変更したいクリップを選択し、メニューの［クリップ］をクリックして❶、［リタイムコントロール］をクリックします❷。

② クリップの左上には「速度変更」と、下部には速度の値「100%」が表示されます。端をドラッグしてクリップの長さを調整し❶、速度の値を変更します。

💡 ショートカットキーの ⌘ + R キー（Windowsの場合は Ctrl + R キー）でも、「リタイムコントロール」コマンドが使用できます。

③ リタイムコントロールをする際は、速度ランプ（可変速度変更エフェクト）の上に出っ張りが出ます。その端をドラッグしてクリップの長さを調整することで、クリップの再生速度を変更できます。100%は等倍速（1倍速）、200%は2倍速、50%は0.5倍速、となります。今回はクリップの再生速度を速めたいので、右上端を掴んで左側へ動かします（クリップの尺が縮まる）。

再生速度を変更する前に編集モードをトリム編集モードにしておくことで、後続のクリップも付いてきてくれます。まず、200%になるくらいに調整します❶。まだゆっくりに感じるので、300%くらいに調整します❷。

4 少しばかり女性の瞬きの回数が気になりますが、再生速度はよさそうです。クリップの終わりまでを確認すると、カーテンを開きかけたところでクリップが終わります。

リタイムコントロールの応用

せっかくクリップのリタイムコントロールに触れたので、もう少し機能を紹介します。速度ランプが出ているクリップの「%」の右の▼をクリックするとメニューが表示され、いろいろな機能を使うことができます。今回は使いませんが、覚えておくとよい機能を3つ紹介します。

■リタイムコントロールのメニューを表示する

「%」の右の▼をクリックすると、クリップの速度に関するメニューが表示され、設定ができます。

> 💡 速度をリセットしたいときは「100%にリセット」をクリックします。

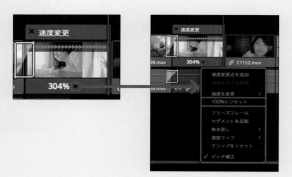

セグメントを反転

速度表示がマイナスになり、クリップの再生方向が反転し、逆再生となります。

フリーズフレーム

再生ヘッドの位置から後方位置部分が0%の速度となり、フリーズフレーム（静止画）になります。

巻き戻し

再生ヘッドの位置から後方一部分が逆再生になり、また順方向への再生になります。インスタグラムでよく見る「ブーメラン」の効果を作ることができます。

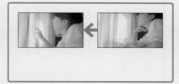

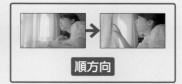

速度変更点

フリーズフレームや巻き戻しを使用した際に、クリップに表示されるコントロールポイントを「速度変更点」といいます。

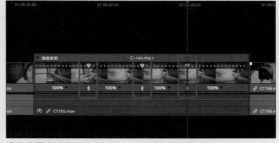

速度変更点は自分で追加することができます。

速度変更点を動かすことで、次の変更点との間の再生速度の変更ができます。つまり、クリップの一部を「速く」→「ゆっくり」→「速く」などを演出することができます。

スムーズになるようクリップを繋ぐ

① 3つ目のカットのイン点を設定します。前のカットでは少しカーテンに手を触れていたので、次のカットでは少しカーテンが開いているほうが自然だという判断で、画面右側に少し顔が見えている辺りまでトリムします。編集モードをトリム編集モード（ショートカットキーの⛚キー）にして、3つ目のクリップの頭を短くトリムします①。ギャップが生まれずに、後続クリップが付いてきます。

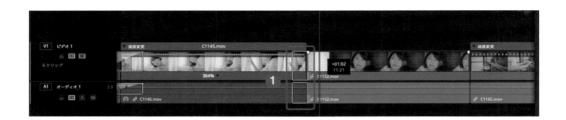

② 再生してみて、前のカットの終わりが「カーテンを開けすぎて」いたので、少しトリムします①。再度、再生してスムーズに繋がっていればOKです。3つ目と4つ目のクリップの繋ぎ目を確認しましょう。

③ 外を眺める顔のシーンが長いので、よいところでカットします。再生ヘッドの位置から右側（末尾）をトリムするショートカットキーの Shift ＋⛚キーを使いましょう①。

黒フェードイン・黒フェードアウトを作成する

次のカットは場面が変わって外のシーンになります。ここは演出の1つとして、一瞬黒画面になってから画がフェードインしてくる「黒パカ」にしたいと思います。

手がフレームインしてくるまでが長いので、手が入ってくる直前までをトリムします。

① 再生ヘッドの位置から左側（先頭）をトリムする❶、ショートカットキーの Shift +[ ] を使いましょう。

② それでは、この4つ目のクリップを黒画面からクリップイメージにフェードインします。クリップにマウスを近づけると始点と終点にスライダーが表示され❶、これをドラッグすることで、左端の始点を動かせば黒フェードイン（下のトラックに何もない場合）、右端の終点を動かせば黒フェードアウトになります❷（下のトラックに何もない場合）。これはオーディオクリップでも同様です。

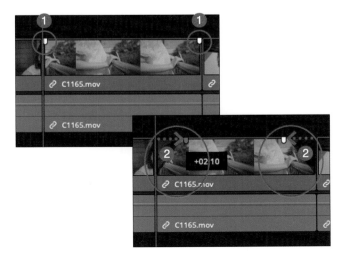

最後までクリップを繋ぐ

① 再生して確認してみます。3つ目のカット終わりで一瞬黒になってから、4つ目の画がフェードインしてきます**①**。場面転換含め、よい繋ぎになりました。

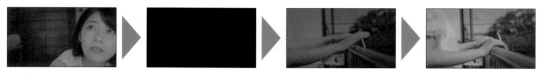

② 4つ目のカットの終点ですが、手すりに手を付いてからが長いので、適度なところでクリップをトリムします**①**。

③ この流れで5つ目のカットの始点を調整しましょう。フォーカスが奥のスカイツリーに合っていきます。始めが少し長いのでクリップの頭をトリムします**①**。

そのあとは、クリップを再生しても画に変化はあまりありません。終点も適度なところでトリムします❶。

 最後となる6つ目のクリップです。始点と終点を決めます。再生してみるとクリップの尺自体が少し長い印象を受けるので、クリップの再生速度を変更して（速くして）フォーカスが合わない最初の数秒をトリムします。また、前のクリップと被写体の位置が逆になっているので、そのまま繋ぐよりもディゾルブをかけたほうがよさそうです。以下のように作業を進めてみました。

クリップの速度変更

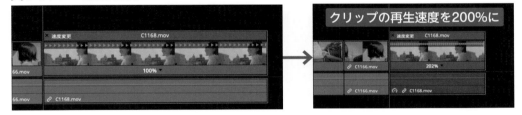

クリップのトリム

編集点にディゾルブ

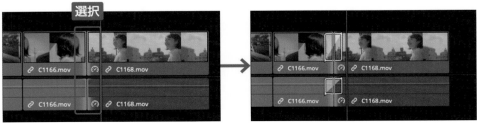

最後に白フェードアウトを作成する

クリップを再生して、白画面が入ってくるタイミングを
決めます。タイミングを決めたらクリップを選択して、

Mキーを押して「マーカー」を付けましょう（タイムライ
ン上部にある■をクリックでもできます）。

マーカー

①　クリップを再生して、白画面が入ってく
るタイミングを決めます。タイミングを
決めたらクリップを選択し、Mキーを押
して「マーカー」を付けましょう❶。マー
カーを打った位置が白画面の始まりにな
ります

💡 マーカーは「素材単位」で好きな位置に何
個でも印を付けることができます。

②　［エフェクト］をクリックします❶。
［ジェネレーター］をクリックして❷、
［単色］をクリックします❸。

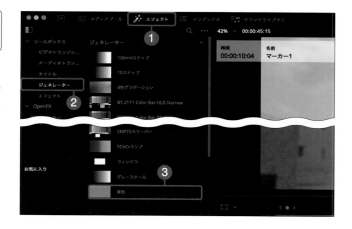

　マーカー

フラグとマーカーはクリップや素材に印を付けることができる似たような機能なのですが、フラグは「クリップ単位」、マー
カーは「素材単位」で、好きな位置に何個でも印を付けることができます。また、マーカーは、何も選択しない場合、再生ヘッ
ドの位置に準じて、タイムラインルーラーにも印を付けることができるので、マーカーの方が汎用性が高いです。

③ タイムライン上にドラッグ＆ドロップします❶。

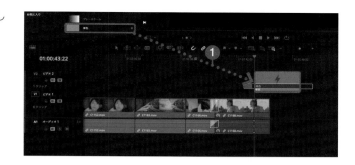

④ 配置した単色クリップをクリックして選択します。[インスペクタ]をクリックし❶、[カラー]をクリックします❷。カラーは白を選択しましょう。

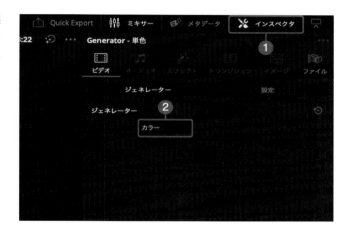

⑤ 単色クリップの始点のスライダーを動かして、白画面にフェードアウトするようにします。

BGMを入れてみよう

映像にBGMを入れるには、カットページで効果音を入れた要領で、オーディオトラックに
オーディオクリップを配置し、ミキサーで音量などを調整します。

BGMを挿入する

① オーディオクリップを「A1」トラックの
下にドラッグします①。オーディオト
ラックが自動的に作られて、配置されま
す。

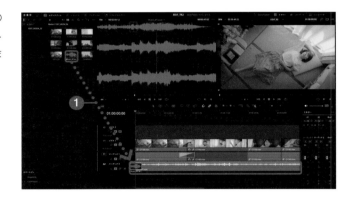

② オーディオメーターを表示させるため
に、画面右上の [ミキサー] をクリック
します①。画面右下にミキサーが表示
されます。

💡 すでにオーディオメーターが表示されてい
る場合は、この操作は必要ありません。

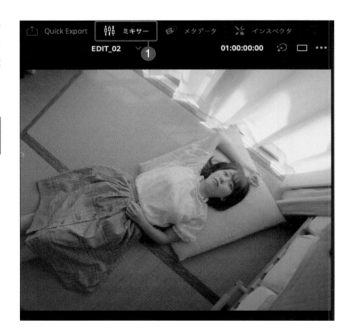

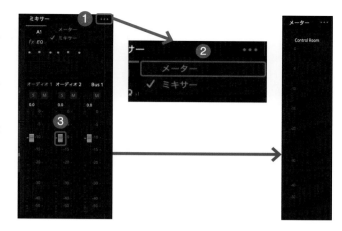

③ ■■をクリックして❶［メーター］をクリックすると❷、ミキサー表示からメーター表示に変更できます。すべてのオーディオトラックが合わさった音量のみを確認したい場合は、メーター表示にするとよいでしょう❷。ミキサーを使って全体の音量調整を行います。ミキサー表示のまま、「オーディオ2」のスライダーを上下にスライドして❸、BGMの音量を調整します。

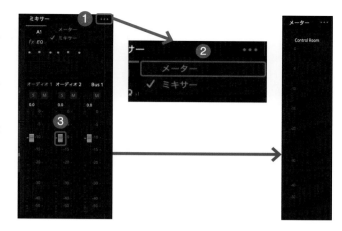

④ 映像の頭に合わせて音楽が配置されます。タイムラインで再生しながら❶、ボリュームを確認します。映像からはみ出た分の音楽はトリムし、ボリュームの全体の音量と、いちばん大きいときの音量をメーターで確認します❷。

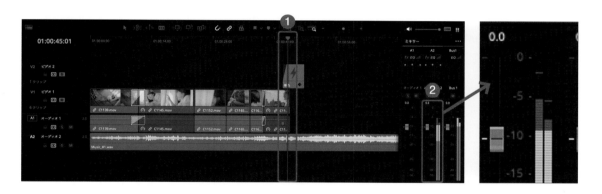

 ミキサー

ミキサーはクリップ単位ではなく、トラックごとにEQ（イコライザー）やエフェクトをかけたり、音の出力をコントロールしたりできます。スライダーを上げれば大きく、下げれば小さくなります。ソロ、ミュートのON/OFFもここで操作できます。「Bus1」は現存するオーディオトラックを合わせたもので、全体の音声の出力を調整できます。たとえば、複数人が登場するドラマやインタビュー撮影のときなどに、トラックごとに音声を整理して調整して使います。

 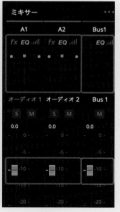

⑤ 全体的に-10～-5dB（デシベル）で、最後に白フェードアウトへ入るときに-3dBに届くよう調整します。0dBを超えていなければ音が割れることはありませんが、インストルメンタルのBGMのみの映像としては、少し音量が大きい気がします。「オーディオ2」のミキサーのスライダーを少し下にドラッグして下げ❶、-12dBから、最大でも-5～6dBあたりに触れるレベルにします。

-3.7dB
スライダーを下げた

💡 厳密には現在の音量のままでも白フェードアウト前までなら、たとえばYouTubeで定められているラウドネス値（耳で感じる大きさの測定の範囲）の範囲内なので、問題ありません。

⑥ 白フェードアウト後に余白を残し、[Shift]＋[]]キーでBGMをトリミングします❶。トリミング後、BGMのクリップの終点のスライダーを左にドラッグして❷、フェードアウト状態にします。さらに、スライダーポイントと終点の間の◻を下方向にドラッグすることで、緩やかなカーブの調整ができます❸。

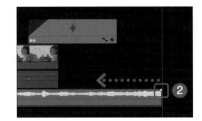

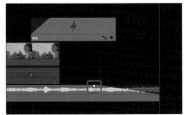

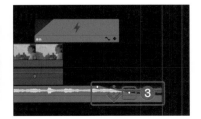

テロップを入れてみよう

冒頭は黒画面からタイトルが入り、映像がゆっくりと現れて、タイトルが消えていくイメージに
最後は白フェードアウトから白フェードアウトで黒画面になっていく、といった感じに仕上げます。

タイトルを挿入する

① タイムライン上のクリップを Ctrl + A キーで全選択して右側にドラッグし、冒頭に黒画面（ギャップ）を作ります❶。

② [エフェクト] をクリックして❶、[タイトル] をクリックします❷。[テキスト]（テキストクリップ）をタイムラインにドラッグ＆ドロップして配置します❸。

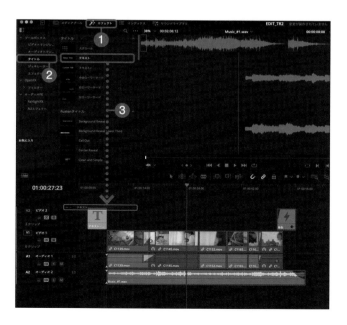

③ タイムラインに配置したテキストクリップをクリックします。［インスペクタ］をクリックして❶、「リッチテキスト」にタイトル名を入力します❷。

💡 ここでは「A One Day」とタイトルを付けています。

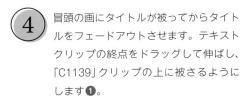

④ 冒頭の画にタイトルが被ってからタイトルをフェードアウトさせます。テキストクリップの終点をドラッグして伸ばし、「C1139」クリップの上に被さるようにします❶。

⑤ インスペクタ内で「トラッキング」（文字間）を調整し❶、［ドロップシャドウ］をクリックしてチェックを付け追加すると❷、文字に装飾が付きます（下の画像参照）。

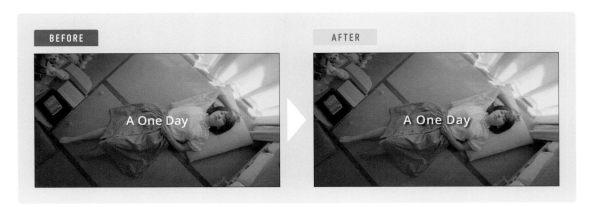

BEFORE A One Day ▶ AFTER A One Day

⑥ テキストの終点のスライダーを左にドラッグしてフェードアウトさせます❶。2秒半くらいの時間にしてゆっくりと消えるようにします。

⑦ タイトルが表示されたあと、動画がゆっくりと表示されるようにするため、動画クリップの頭のスライダーを右にドラッグしてフェードインさせます❶。

⑧ をクリックしてトリム編集モードにします❶。テキストクリップの頭をクリックして選択し、右へドラッグしてトリムすると❷、テキストクリップの頭が短くなりつつ後続のクリップが削られた分、タイムラインの左側へと動いてきます。これにより、タイトルを短くしつつ、映像が現れるタイミングを早めることができます。

✏️ **冒頭から再生して確認する**

改めて冒頭から再生してみましょう。黒画面→タイトルがぱっと登場→映像がゆっくり現れる→文字がゆっくり消える、というイメージ通りになりました。黒画面が少し長いと感じたら、全体のクリップを移動してタイミングを早めてみましょう。

エンドクレジットを作る

カットページのときと同様、エンドクレジットを作ってみましょう。最後の白の単色クリップの上「ビデオ3」にテキストを配置します。今まで通り、エフェクトのタイトルからテキストをドラッグしてもよいですが、今回は冒頭のタイトルをコピーして、それをアレンジしてみましょう。

① 冒頭のテキストクリップをコピーして❶、ペーストします❷。ペースト先は再生ヘッドの位置に準じますが、コピー元と同じビデオトラック内にペーストされます。

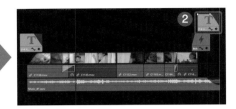

② コピーしたテキストクリップをタイムライン後方の単色クリップの上、ビデオトラック3に配置します。配置したテキストのクリップが長いのでクリップを分割します。ブレードで分割して、不要部分を削除します❶。

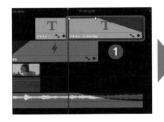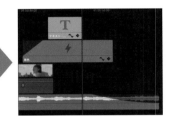

③ 今回は背景が黒バックではなく、白バックなので、ドロップシャドウを使っているので見えないことはありませんが、白文字のままだと視認性が悪いです。インスペクタで調整しましょう❶。

> 💡 フォントのカラーを「黒」にドロップシャドウの「不透明度」を低くしました。

BEFORE

A One Day

AFTER

A One Day

以降の手順では、コピーしたクリップを使ってエンドクレジットを作ります。カットページのときと同様、次の3つを作ります。

> ・Starring　Haruno
> ・Cinematography　Yusuke Suzuki
> ・Edit Your Name

5 それでは文字を修正します。「Starring」（1行空けて）「Haruno」と入力します。「Haruno」の文字のみをクリックして選択して、文字の「サイズ」を大きくして、「行間」を調整します❶。

6 再生してみて1カットあたりの長さを測り、不要な部分があれば削除し、足りなければ尺を伸ばします❶。尺調整ができたテキストクリップをコピー＆ペーストします。今回はショートカットキーよりも手早い方法でクリップを複製します。コピー元を選択した状態で、option キー（Windowsの場合は Alt キー）を押しながらドラッグすると、かんたんにコピーができます❷。

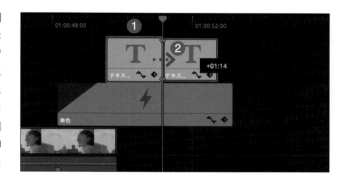

7 2つ目のテロップの文字を修正します。「Cinematography」（1行空けて）「Yusuke Suzuki」と入力します。文字量が増えるので、適宜文字の「サイズ」や「行間」、「トラッキング」を調整します❶。

⑧ 同じように3つ目のテキストクリップを
コピーして作り（ショートカットキーの
option キー（Windowsの場合は Alt キー）、
「Edit」（1行空けて）「Your Name」を作っ
てください❶。

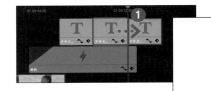

⑨ 3つ目のテキストの真下の白の単色と音楽が若干足りないため、少し伸ばします❶。3つ目のテキストの終わり
も伸ばしてフェードアウトを、そのあとに白の単色もフェードアウトをかけます❷。

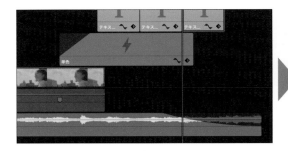

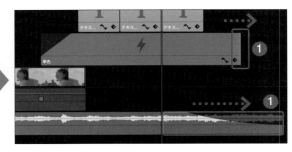

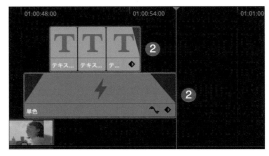

⑩ 3つ目の文字が消えて白になり、白が黒へとフェードアウトする映像になりました。音楽も少し余白を残して、
フェードアウトがよい感じになるように調整してみましょう。これで編集作業が完了しました。

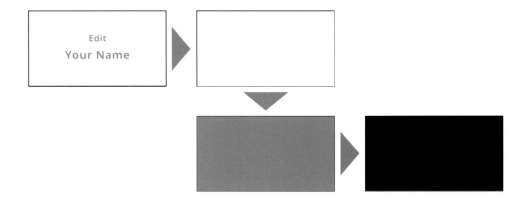

デリバーページで動画を書き出そう

カットページと同様、エディットページでも「Quick Export」からマスターの書き出しができますが、
書き出し専用であるデリバーページで書き出しを行ってみましょう。

デリバーページの画面を確認する

デリバーページでの書き出しの手順ですが、「1：書き
出し範囲の設定」「2：レンダー設定」「3：レンダーキュー
に追加」「4：書き出し」となります。
デリバーページにはタイムラインが表示されています
が、編集はできず、書き出す範囲の設定（全体か、イン

からアウト点の範囲か）のみとなります。イン点・アウ
ト点の設定は再生ヘッドの位置で①キーと⑩キーを押す
ことで行えます。エディットページでイン・アウト点を
付けて範囲設定していれば、デリバーページにも反映さ
れます。

ツールバー

レンダー設定（132ページ参照）　　タイムライン

■レンダー設定
レンダー（書き出し）設定は、とても重要な項目になり

ます。難しい部分があるので一部説明は割愛しますが、主な設定項目を確認しましょう。

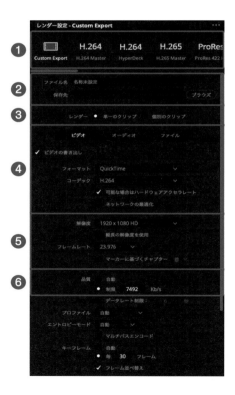

❶書き出し設定
　書き出す設定を選択します。「H.264」「YouTube 1080p」など、多くの設定項目があります。

❷保存先
　書き出す動画のファイル名と書き出し先を設定します。

❸レンダー設定
　「単一のクリップ」に設定するとタイムラインを1つのクリップとして書き出し、「個別のクリップ」に設定すると、タイムラインのクリップ一つ一つを個別に書き出します。

❹書き出し内容の設定（ビデオ、オーディオ、ファイルについて設定）
　フォーマットやコーデックなどの詳細を設定します。

❺解像度とフレームレートの設定
　書き出すファイルの解像度を選択できます。フレームレートは基本変更できません。

❻品質
　書き出すコーデック（圧縮コーデック）の圧縮される品質を自動設定か、自分での設定ができます。

■詳細設定

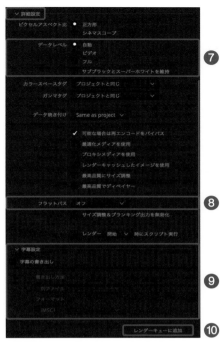

❼データレベル

マスターデータの輝度レベルを設定できます。マスターデータの用途がテレビ用であれば「ビデオレンジ」、Web用であれば「フルレンジ」を選びますが、書き出すフォーマット・コーデックは、展開するアプリケーションで輝度レベルが決まっているので、基本は「自動」で大丈夫です。

❽フラットパス

「オン」にするとカラーグレーディングを施していない状態で書き出しされます。

❾字幕設定

「字幕トラック」(テキスト類とは別) を映像へ焼き付けるときに使用します。

❿レンダーキューに追加

クリックすると、設定が次のレンダーキューに送られます。

■オーディオの設定

オーディオの設定画面は、132ページ❹の[オーディオ]をクリックすると表示されます。普通に1本の動画としての書き出しする際はあまりいじる項目はありません

が、MA(整音)作業を外注に出すときや32bitの音源を書き出すときなどに設定が必要になります。ここでは「オーディオの書き出し」にチェックが入っていることを確認してください。

⓫オーディオの書き出し

チェックボックスをオフにすると、音声はなしの状態で書き出されます。

⓬コーデック→リニアPCMかAACを選べます。

サンプルレート→ビットレート(Hz)を選べます。
ビット深度→16bit〜32bitまで選択できます。

⓭出力するオーディオトラックを選択することができます。

■ファイルの設定

「ファイル」の設定画面は、132ページ❹の［ファイル］をクリックすると表示されます。主に個別のクリップなどを書き出す際に使用し、ファイル名の管理などがしやすくなります。なお、単一のクリップの書き出し時にはあまり必要ない項目です。

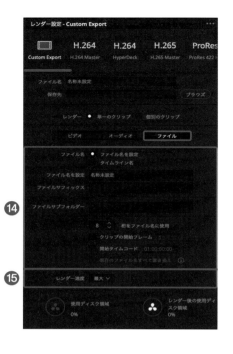

❹「ファイル名」では、名称を自身で設定するか、タイムライン名で書き出すかを選択します。「ファイル名を設定」から「ファイルの名称」（上記ファイル名を設定を選んだときに有効）で設定します。「ファイルサフィックス」はファイルの後ろに名前をつけ、「ファイルサブフォルダ」はデータを入れるフォルダを作成することができます。

❺レンダー速度

レンダー速度を上げるとパソコンに負荷がかかります。パワーが少ないパソコンで書き出しをして熱がこもると、稀にランダムで書き出しデータにノイズが出ることがあります。レンダー速度を下げることで解消される場合があります。

動画を書き出す

① ［Custom Export］をクリックして❶、「ファイル名」に動画の名前を入力し、「保存先」を設定します❷。今回は「レンダー」で［単一のクリップ］をクリックして選択します❸。「フォーマット」と「コーデック」は、ここではそれぞれ［QuickTime］（Windowsの場合は［Wav］）と［H.264］を選択します❹。最後に「解像度」と「フレームレート」をここではそれぞれ［1920 × 1080 HD］と［23.976］を選択します❺。

② 「データレベル」を［自動］に設定し❶、
［レンダーキューに追加］をクリックし
ます❷。

③ 右上のレンダーキューの中に先ほどの
データが「ジョブ」として送られます。［す
べてレンダー］をクリックします❶。

④ 再生されながら、動画の書き出しが開始
します❶ 。

⑤ 書き出しが完了したら、動画を再生して
確認しましょう。カットページからの書
き出し（Sec.20参照）よりもやれること
が多い分、覚える箇所は多いですが、エ
ディットページならどんな作品の編集で
も対応できます。

映像編集における解像度

映像編集における「解像度」とは何でしょう？ 解像度とは、はピクセルの数を縦横に掛けたものであり、基本は16:9の縦横比でHD/FHD/4K/8Kなど決まっています。映像編集における解像度は「どのくらいの大きさのキャンバスで映像を作るか」にということです。現在テレビ放送で4K/8K放送が始まりましたが、YouTubeなどもFHD（フルHD）などが定番です。このFHDの解像度（1920x1080）が、その映像の「キャンバスサイズ」になります。映像素材自体がそのキャンバスよりも解像度が低い場合は、そのキャンバスに合わせて拡大する必要がありますが、その場合は画質が劣化します。反対にキャンバスよりも解像度が大きければ、キャンバスにサイズを合わせても高精細になり、拡大などのリサイズしても画質が劣化しません。

☐ 解像度のサイズ

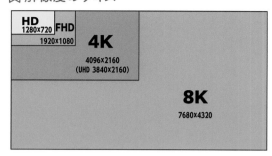

☐ 8K素材はFHDのタイムラインで3倍程度のリサイズをしても解像度が落ちない

現在のカメラは4K撮影はもちろん、8K撮影ができるカメラも登場しています。アウトプットが4K/8Kでなくても、編集時にリサイズする、ということを考えると大きな解像度で撮影しておくということは、とてもアドバンテージがあります。ダンスやコンサート映像など、1カメでも編集でズームができる、というわけです。高解像度の撮影素材は、容量が大きくなり、パソコンへの負担がかかるのが難点です。自分のパソコンスペックと予算に合わせて考えて制作しましょう。

×1.0

X-H2 8K 30p素材をFull HDのタイムラインで

×2.0

X-H2 8K 30p素材をFull HDのタイムラインで

×3.0

X-H2 8K 30p素材をFull HDのタイムラインで

Chapter

4

エディットページ
（応用編）

この章では、第3章でのエディットページの基本操作を踏まえた上で、4K映像を使った動画編集などの応用操作について、書き出しまでの一連の流れを解説します。

エディットページの応用を知ろう

①映像と音声の同期

映像と音声を同期させることで、クリップを動かした際に、微妙なズレが起こらなくなるようになります。

📖 クリップどうしの同期

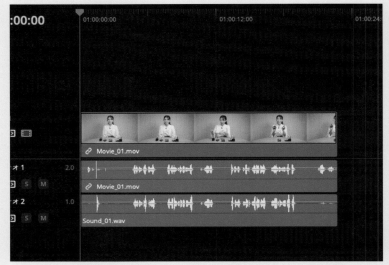

②ワイプ画面の作成

動画のクリップをインサートすることで、動画の中に別の動画をワイプ画面として挿入することができます。ワイプ画面は好きな位置に置けるよう調整できます。

📖 動画クリップをワイプ画面として挿入

③キーフレームの挿入

キーフレームをクリップに打つことで、クリップをアニメーションのように動かすことができます。

📖 クリップにキーフレームを打つ

④テロップの挿入

セリフを字幕として、テロップで挿入してみましょう。また、キーフレームと組み合わせることで、テロップをアニメーションで動かすことができます。

📖 テロップの作成

⑤音量・音質の設定

BGMを入れて動画の音声と組み合わせましょう。その際に、クリップごとに音量を調整することができます。また、EQ(イコライザー)を使って音質をかんたんに調整することも可能です。

📖 BGMや音声のバランス設定

30

4K動画の編集を始める前の
準備をしよう

エディットページでの4K動画の編集を始める前に、素材を取り込んでおきましょう。
今回は4Kの動画の素材を使います。

プロジェクトを作って素材を読み込む

① エディットページを開き、[新規プロジェクト]をクリックします❶。プロジェクト名を入力して❷、[作成]をクリックします❸。

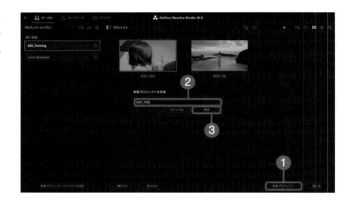

② ダウンロードファイルの「EDIT_BOOK_03」のフォルダをメディアプールに読み込みます❶。

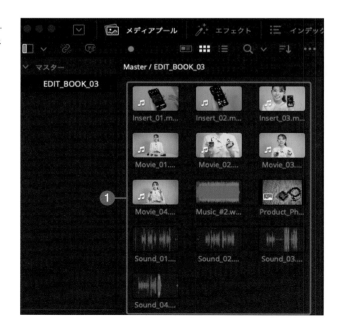

③ [変更しない] をクリックします❶。

④ 画面右下の🔧をクリックして❶、「プロジェクト設定」画面を開きます。

⑤ 「タイムライン解像度」は「1920×1080 HD」に❶、「タイムラインフレームレート」は「29.97」に設定します❷。

💡 今回の素材は4K 29.97p（30p）の素材です。「タイムラインフレームレート」は「29.97」に設定しましょう。
136ページのCOLUMNでお伝えしたように、今回は編集で素材のリサイズを行います。使用する映像素材は4K（3840×2160）ですが、FHD（1920×1080）のタイムライン解像度で編集を行います。このことにより、2倍までのリサイズが可能になります。

素材の内容を確認する

今回トレーニングで作成するのは、YouTubeなどでよく見かける商品紹介動画のコンテンツです。俳優の遥野さん（今までのトレーニングでモデルとして登場していました）が、ピンマイクレコーダーを紹介する短い動画です。カメラに向かって話し、具体的な説明カットやイメージカットをインサートする動画です。また字幕テロップなども登場します。では編集に使用する素材の内容をチェックしてみましょう。

📖 **完成イメージ**

この章で使う素材

ここで確認してほしいのが、映像素材に入っている音声よりもきれいな音声素材が別にある、ということです。
つまり今回の映像編集では、「映像と音声の同期」が必要になります。

🔖 Insert_01

スマホを操作する手のアップ

🔖 Insert_02

スマホのアップ

🔖 Insert_03

スマホを指差す遥野さん

🔖 Movie_01

話をする遥野さんのヒキー1

🔖 Movie_02

商品を持つ遥野さんの手元

🔖 Movie_03

商品を持つ遥野さんのアップ

🔖 Movie_04

話をする遥野さんのヒキー2

🔖 Sound_01

「Movie_01」と同じ内容の
きれいな音声

🔖 Sound_02

「Movie_02」と同じ内容の
きれいな音声

🔖 Sound_03

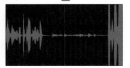

「Movie_03」と同じ内容の
きれいな音声

🔖 Sound_04

「Movie_04」と同じ内容の
きれいな音声

🔖 Music_#2

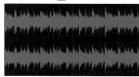

アップテンポの音楽

🔖 Product_Photo

✏️ **オーディオレコーダー**

この撮影ではTASCAMのピンマイク付きオーディオレコーダー「DR-10L Pro」
（https://tascam.jp/jp/product/dr-10l_pro/top）を使用して音声を別収録しました。32bit Float収録なので、きちんと基本のレベルで収録しておけば、音が割れてしまっても編集で割れていない状況に戻すことができます。撮影のときに、ぜひ一度使ってみてください。よい音は映像の質をグッとあげてくれます。

映像と音声の同期をしよう

始めに、Aロール（話しているメインとなる映像パート）の映像と音声を同期させることから始めます。
映像と音声を同期することで、クリップどうしの映像と音声のわずかなズレを同期させることがで
きます。

映像と音声の同期をする

① ⌘＋Nキー（Windowsの場合はCtrl＋
Nキー）を押して「新規タイムラインを
作成」画面を開き、「タイムライン名」を
入力して**❶**、［作成］をクリックします
❷。

💡「EDIT_03」と名前を付けています。

② 動画クリップをタイムラインにドラッグ
して、順番に並べて配置します**❶**。

💡「Movie_01」〜「Movie_04」のクリップま
で左から順番に並べています。

③ 「オーディオ2」を作成し、音楽クリップ
を「オーディオ2」に並べます**❶**。波形を
よく見てみると、だいたい合っています
が、再生してみると、少しズレてエコー
がかかったようになって聞こえます。

💡「Sound_01」〜「Sound_04」のクリップま
で左から順番に並べています。

もし音声クリップに波形が見えていない場合は、タイムライン表示オプションを見直しましょう。

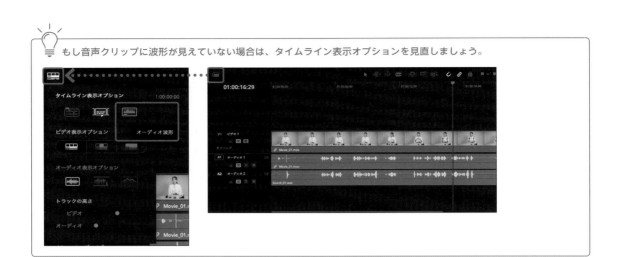

---

④ 同期したい映像と音声をクリックして複数選択します。ここでは、「Movie_01」と「Sound_01」のクリップを選択します❶。

同じ内容のものでないと同期できません。

⑤ 選択したクリップの上でで右クリックをして、[クリップを自動配置]にポインタを合わせ❶、[波形を使用]をクリックしてチェックを付けます❷。

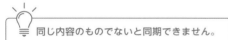

この操作をすることで、わずかにクリップどうしがズレていたとしても、波形のクリップに合わせて同期されます。

⑥ 手順④〜⑤の操作を繰り返し行い、残りの3つのクリップも同期します❶。これで「ビデオトラック1」と「オーディオ2」の音声が同期されます。

⑦ 再生してみると、ほぼタイミングが合っ
ていますが、若干ズレて聞こえます。そ
れは、音声収録位置の誤差（距離による
位相差）によるものです。ワイヤレスピ
ンマイクレコーダーは音源である遥野さ
んにいちばん近い位置で収録されてお
り、それに比べてカメラマイクは遥野さ
んから遠い距離にあります。この距離に
よる誤差となります。1フレーム以下の
単位で微調整をすれば合わせることもで
きますが、今回は音声としてきれいな別
収録の音声が、映像の口の動きと合えば
問題ありません（リップシンク）。ここで、
「オーディオ1」のトラックをミュートし
て再生をして、確認します❶。違和感
がなければOKです。

「オーディオ1」を
ミュート

再生してリップシンクを
確認

⑧ 動画クリップと音声クリップをクリック
して選択して、右クリックします。［ク
リップをリンク］をクリックしてチェッ
クを付けます❶。

 リンクを外したい場合は、「クリップをリ
ンク」のチェックを外しましょう。

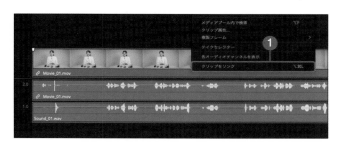

⑨ クリップにリンクマーク🔗が付き、リン
クが完了します❶。同様に、手順⑦の
操作を繰り返し行い、残りの3つのク
リップもリンクします。

 リンクをすることで、クリップを動かした
際にズレが起きないようになります。

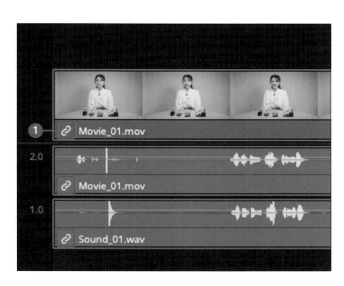

145

Aロール（トークパート）の 編集をしよう

それでは映像の根幹となる「トークパート」を編集しましょう。まず、再生しながらカット編集して
いきます。余分な部分をカットしてうまく繋がるように作ります。

動画をカットする

 動画の内容を確認し、不要となる部分をカットします。111ページを参考に今回は下画像で赤く囲んだ位置をカットします❶。

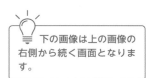
下の画像は上の画像の右側から続く画面となります。

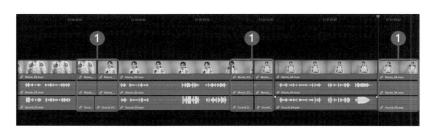

 カットが完了します。ここでは、約47秒の動画となりました。

動画の内容の確認

以降では、手順②のタイムライン上にインサート用の映像や写真を入れて、映像を具体的にしていきます。
その前に動画を一度再生して内容を確認しましょう。

Movie_01： 皆さん こんにちは、遥野です。
今日、皆様にご紹介するのは、こちら。
TASCAMのピンマイク付きオーディオレコーダーDR-10L PROです。

Movie_02： この小さい筐体で32bitフロートで記録できるスグレモノ。
ワイヤレスマイクと違い、混線や音切れの心配がありません。

Movie_03： 何より32ビットフロートなので、こういう小さな囁き声も
突然の大きな声も、きちんとクリアに録音可能です。

Movie_04： ウェディングやドキュメンタリー撮影などにおすすめの一品です。皆さんぜひ使ってみてください。バイバーイ。

トークの内容を確認するとともに、「Movie_01」のクリップで商品を持ったとき、もう少しアップの画にリサイズ（148ページ参照）、「Movie_02」のクリップはもう少し商品をアップに少しセンターになるようにリサイズ、「Movie_03」と「Movie_04」のクリップは背景の木目が斜めになっているので、垂直になるように変形させたいと思います（149ページ参照）。

木目が斜め

木目が斜め

動画をリサイズする

① 遥野さんが商品を手に持って、「TASCAMのピンマイクオーディオレコーダー〜」と話すタイミングで、⌘＋Bキー（Windowsの場合はCtrl＋Bキー）を押してクリップをカットします❶。

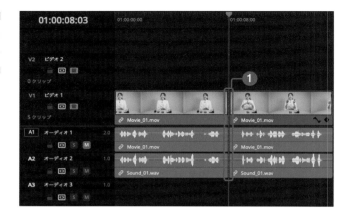

② 分割したクリップをクリックして選択し、[インスペクタ]をクリックします❶。今回は「ズーム」を約2倍（ここでは「1.970」）に設定し、「位置」を調整します❷。

③ 「ズーム」は約2倍に設定しましたが、元素材の解像度がHD（1920x1080）の2倍である4K（3840x2160）なので、タイムラインの解像度がHDである以上解像度は落ちません。アウトプットする解像度よりも高い解像度で収録しておくことで、こうしたポストズーム（編集上でリサイズ）や、手ブレ補正のときのクロップ余白になります。

💡 同様に「Movie_02」のクリップも、持っている商品が画面の中心になるようにリサイズしましょう。

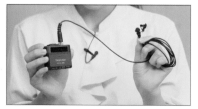

動画を回転させて垂直にする

 「Movie_03」のクリップをクリックして選択し、ビューアから中心のハンドルをドラッグして回転させます❶。インスペクタの「回転の角度」を確認しながら行いましょう❷。

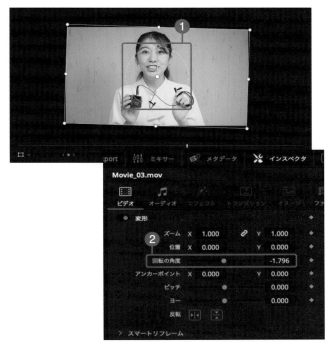

② 回転後にズーム調整をします。今回はビューア画面の四隅の□をドラッグして調整します❶。インスペクタの「ズーム」を確認しながら行いましょう❷。

💡 「Movie_04」のクリップも手順①〜②の操作を行い、動画を回転させて調整し、Aロールの編集を完了させましょう。

Section

33

イメージ・説明パートを
インサートしよう

Aロールが完成したら、内容を具体的に演出できるように、
Bロール（イメージカットや説明カット）をAロールの適切な場所にインサートしていきます。

素材を確認する

3つあるインサート素材の内容を改めて確認すると、下記の3つと1枚の商品写真になります。Aロールのどこに使えるか、
再生しながら検討してみます。

Insert_01.mov

スマホを操作する手のアップ

Insert_02.mov

スマホのアップ

Insert_03.mov

スマホを指差す遥野さん

「Insert_01」は、「Movie_02」の「ワイヤレスマイクと違い、混線や音切れの心配がありません」に使えそうです。「Insert_02」は、「Movie_03」の「突然の大きな声も！」のところに使えそうです。「Insert_03」は、「Movie_03」の「きちんとクリアに収録できます」のあたりに使えそ

うです。画面の中に小さい丸や四角などでワイプ表示するのがよいかもしれません。「Product_Photo」は、冒頭の商品名を言っているところか、ラストの「バイバイ」のあとに使えそうです。ひとまず冒頭に入れておき、ラストにはのちほど入れます。

インサートしてフェードイン・フェードアウトさせる

1 クリップのインサートの目安のところとなる場所に、Mキーを押してクリックして、マーカーを付けます❶。

付けたマーカーをダブルクリックすると、
メモを入力することができます。

2 ビューア右上の ••• をクリックして❶、[マーカーオーバーレイを表示]をクリックし、チェックを付けます❷。マーカーの内容がビューアの左上に表示されます❸。

3 最初のマーカーのあたりに「Product_Photo」の写真素材（jpg）クリップをドラッグで配置します❶。「ビデオトラック1」の上にドロップすることで、「ビデオトラック2」が自動的に作られ、写真が配置されます。

💡 右の画像の右のビューア画面のように写真素材と映像素材のアスペクト（縦横の比率）が違う場合、「ビデオトラック1」が左右にはみ出して見えてしまいます。その場合は写真素材を変形（拡大・移動）して、下のトラックが見えないように調整しましょう。

4 突然写真がインサートされる感じに違和感があるので、始点のスライダーを右方向にスライドさせてフェードインさせます❶。同様に終点のスライダーは左方向にスライドさせてフェードアウトさせます❷。

(5) 手順①を参考に「Insert_01」と「Insert_02」のクリップも挿入します①。

💡 「Insert_01」のクリップは、スマホを操作してRECボタンをタップしたあとくらいまでを目安に、「Insert_02」のクリップは音声波形が大きくなる瞬間が見える場所を目安に設定しています。なお、「Insert_02」のクリップはクリップの後ろを少しトリムしています。

(6) 2つ目のマーカーに移動して、「Insert_01」のクリップをインサートしましょう①。ちなみに Shift + ↑ キーを押して前のマーカーに、 Shift + ↓ キーを押して次のマーカーへ移動できます（この場合、音声にもマーカーが打たれているので、音声に打たれているマーカーが直近の次のマーカーとなります）。

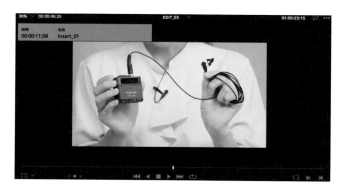

(7) 「Insert_01」のクリップの使い所を決めます。女性がスマホを操作して、RECボタンをタップしたあとくらいまでを目安にして、インサートします。使用範囲を決め①、画像だけインサートし②、尺が足りない場合はあとで調整します③。

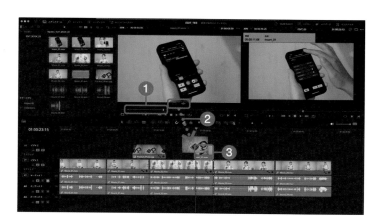

8 配置したら再生をしてみます。次のクリップにまたいだところまでインサートがあってもよさそうなので、「Insert_01」のクリップの後ろを伸ばします❶。「何より32bit Floatなので」あたりまで被せます（この辺りは好み）。

9 次のマーカーに移動します。ここは女性が大きな声を出しても録音が大丈夫、という表現をしたいので、「Insert_02」のクリップのスマホの画面の音声波形が大きくなった瞬間をインサートとして入れます。「Insert_02」のクリップの使い所を決め、音声波形が大きくなる瞬間が見える場所を探します。

10 02:14〜03:28あたりがよさそうです。イン・アウト点を設定して、タイムラインに配置します❶。

少し長すぎたので、クリップの後ろをトリムします（分割して消去でもかまいません）❶。「きちんとクリアに〜」というセリフのときには女性のカットに戻っているイメージです❷。

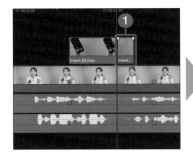
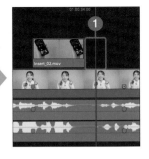

インサートしてワイプ画面にする

① 「Insert_03」のクリップを150〜152ページの手順①〜③を参考にインサートします❶。

② 111ページを参考に不要な部分をトリムします❶。

💡 「Movie_04」のクリップにまたがってしまった部分をトリムしています。

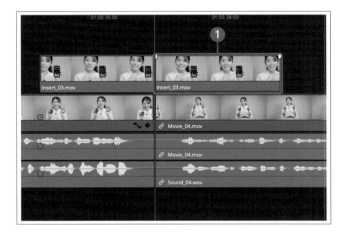

③ ［エフェクト］をクリックして**①**、ツールボックスの［エフェクト］をクリックします**②**。［DVE］を「Insert_03」のクリップにドラッグします**③**。

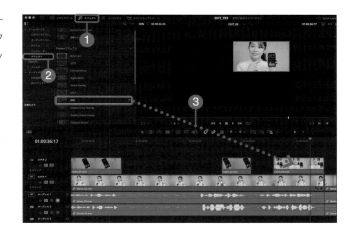

④ エフェクトが適用され、画面にワイプが表示されます**①**。

⑤ ［インスペクタ］をクリックして**①**、［エフェクト］をクリックします**②**。［DVE］をクリックしてチェックを付けます**③**。

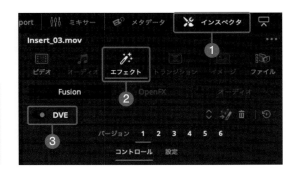

💡 「DVE」の項目には「バージョン」があり、これはワイプをどこに配置するかを設定します。1が右上、2が左上、3が左下、4が右下になります。今回は1にするので、設定は変更しません。

✏️ 「DVE」バージョン5と6の場合

バージョン5、6は右のように立体的なパースが付きます。あまり使う機会はありません。

バージョン5

バージョン6

6 「Border」の項目で丸ワイプに変形します。「Crop Width」「Crop Height」「角の丸み」を調整することで、丸ワイプになります①。

7 「Position」の項目で丸ワイプの位置を調整します。「X」軸・「Y」軸を調整しましょう①。

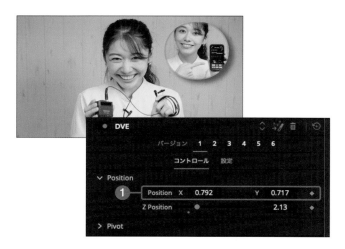

8 「Drop Shadow」の項目で影の位置や強度を調整します。影の方向を下の素材に合わせて調整します①。

キーフレームでクリップに動きを付けよう

丸ワイプになった「Insert_03」のクリップへの入り方を、クリップに動きを付けて工夫します。画面上から丸ワイプが落ちて、現在の位置になるアニメーションを加えてみます。

キーフレームとは

キーフレームは時間上で設定した変化の開始点と変化の終了点に対して、素材に変化を与えることができるエフェクトです。たとえば開始点の時点で100%のサイズだった四角形が5秒後の終了点では30%のサイズになっているという設定をすれば、5秒をかけて100%から

30%のサイズに変化させることができます。
キーフレームは「映像クリップ」のほか、「テキスト」「静止画」「音楽」「エフェクト」など、大抵のものに設定することができます。

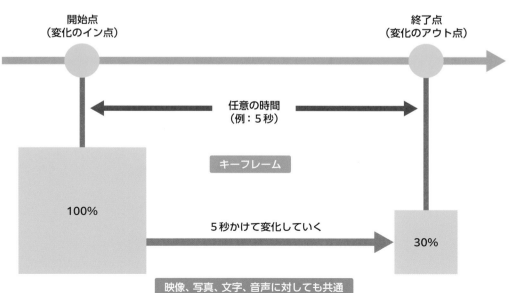

1 最初のインサート箇所へ移動し、「Product_Photo」にかかっているフェードイン・フェードアウトをなしにしましょう**1**。キーフレームを打ったときに開始点と終了点が見えないと調整しづらいためです。

2 「Product_Photo」のクリップをクリックして選択し**1**、再生ヘッドはクリップの始点に移動しておきます**2**。

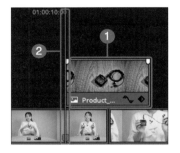

3 インスペクタで変形します。［ビデオ］をクリックして**1**、「変形」のキーフレームをすべてクリックしてオンにします**2**。ここは始点になるので数値はそのままにしておきます。

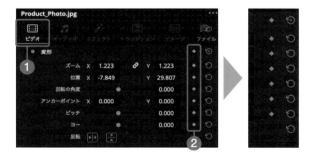

4 クリップの最後に再生ヘッドを移動します**1**。

⑤ [ビデオ] をクリックし❶、「変形」のキーフレームをすべてクリックしてオンにします❷。

💡 ◀をクリックすると、1つ前のキーフレームに移動できます。

⑥ 終点の変化を付けます。ここでは商品に拡大して少し位置を動かしましょう❶。

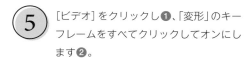

⑦ 再生してみると、ゆっくりとズームインしながら位置が動いているのが確認できます。クリップのアニメーションができました。

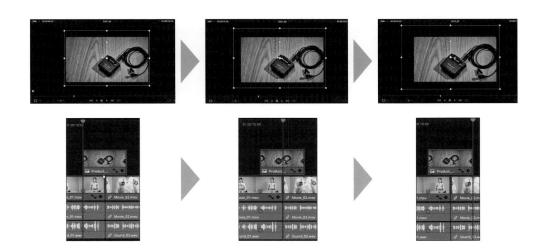

フェードイン・フェードアウトを忘れず
に戻しておきましょう❶。

 キーフレームのメニュー

■キーフレームの位置を表示する

クリップに打たれたキーフレームはクリップ上で位置を視認することで、タイミングの微調整が可能です。キーフレーム
が打たれたクリップは◆のアイコンが表示されるので、それをクリックします。

キーフレームの
位置が視認できる

■キーフレームの変化を設定する

クリップ上のキーフレームの右にある❮❯をクリックすると、現在かかっているキーフレームの変化が視認できるようにな
ります。また、ここでカーブのかかり方を一定ではなく、入りを緩やかにするなど（イーズイン・イーズアウト）、変化を
付けることができます。

変化の仕方の調整が可能

アイコンのクリックすること
で、キーフレームの変化のか
かり方のカーブを選択するこ
とができます。

動画クリップにキーフレームを打つ

今回の場合、「Insert_03」のクリップに対して、終了点が配置した位置・開始点がフレームの外（画面上）の位置というキーフレームを打つことで、クリップアニメーションができます。

ただ、この「Insert_03」のクリップの場合、「エフェクト」の「DVE」でワイプの位置を設定してしまっているため、「Insert_03」のクリップとしての「位置」を調整するとワイプされた画の中の位置が変わってしまいます。そのため、エフェクトの「DVE」内の「位置」にキーフレームを打ちます。

① 再生ヘッドを [Insert_03] のアニメーションを終了させたい地点に置き、クリップを選択します❶。

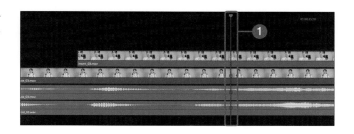

② ［エフェクト］をクリックして、「Position」にキーフレームを打ちます❶。今回は「Y」を「0.717」に設定します❷。

③ 4フレーム先にもキーフレームを同様に打ちます。数値も❷と同じに設定します❶。今回は、着地して一度上に弾んでから着地する演出のため、次に2つのキーフレームの間にもキーフレームを打ちます❷。

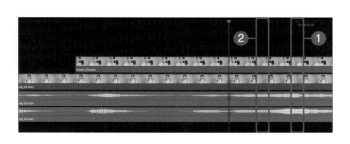

④ 同様にキーフレームを打ち❶、「Y」を「0.728」に設定します❷。

⑤ 再生ヘッドを [Insert_03] の開始地点に
置き、クリップを選択します**①**。

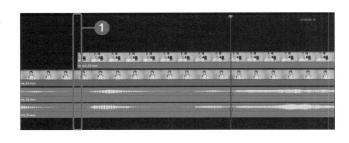

⑥ 同様にキーフレームを打ち**①**、「Y」を
「1.247」に設定します**②**。

💡 この設定で、ワイプ画面がバウンドするよ
うな動きをするようになりました。

キーフレームを打つ（ズームアウト）

① まだインサートしていなかった、ラスト
の「バイバイ〜」のあとあたりに
「Product_Photo」のクリップを入れて、
動きを付けてみましょう。「Movie_04」
のクリップのマーカーあたりに素材をイ
ンサートします。「Product_Photo」の素
材を「Movie_04」のクリップの最後付近
にドラッグして、インサートします**①**。

② 開始地点で拡大・回転を設定します**①**。
映像の最後なので、女性から商品のアッ
プの画面になったあと、ズームアウトし
ていくような演出にします。まず最初に、
女性から切り替わったときの商品のアッ
プの画を拡大・回転させて作成します。

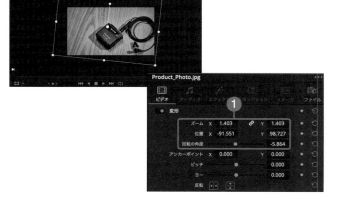

3 変形と配置が終わったら、これが「始点」となるので、この場所でキーフレームを打ちます。

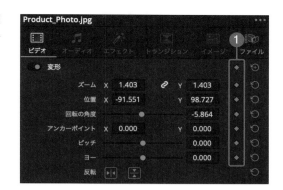

4 終了地点で、縮小・回転の設定をします❶。今回は、回転しながらゆっくりとズームアウトしていくアニメーションになります。

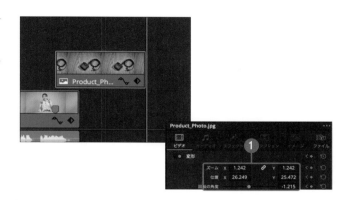

5 キーフレームを打ちます❶。

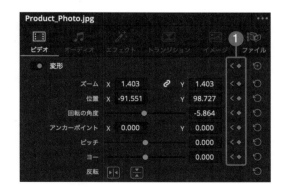

6 117〜121ページを参考にフェードイン・フェードアウトを設定します❶。人物から商品映像へとゆっくり変化して、ゆっくりと黒画面になって終わります。

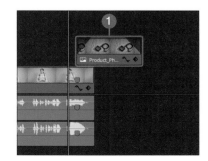

「テキスト＋」でテロップを
入れてみよう

商品紹介コンテンツですので、トーク内容をテロップ化します。「テロップ」は画面上に文字情報を表すものですが、便宜上ここでは「字幕」と区分けします。

テロップを作成する

これまでに「テキスト」を使ってタイトルを作ったことはありました。今回は「テキスト＋（プラス）」でテロップを作成します。

① ［エフェクト］をクリックして❶、［タイトル］をクリックします❷。［テキスト＋］をタイムライン上（「ビデオトラック3」）にドラッグします❸。

② 配置したクリップをクリックして選択し❶、［インスペクタ］をクリックして❷、テロップのテキストを入力します❸。なお、このとき日本語対応フォントにしておき、太さも太めにしておくとよいでしょう。

③ ［テキスト］タブをクリックし❶、文字サイズ（「サイズ」）と文字間（「トラッキング」）を調整します❷。

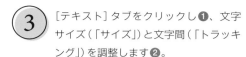

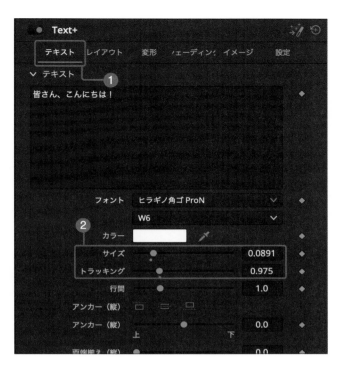

④ ［レイアウト］タブをクリックします❶。「センター」でテロップの位置を調整します❷。ここでは、動画の下のほうに表示させるよう調整します。

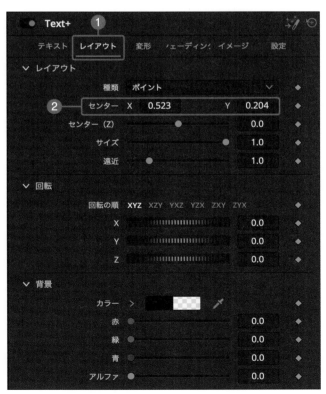

「変形」タブ

「変形」タブの項目には、今回は適用しませんが、「テキスト＋」ならではの魅力がありますのでいくつかかんたんに紹介します。特筆すべきは「回転」「シアー」「サイズ」です。

■回転

たとえば、「変形」タブで「文字」が選択されている状態で「回転」の「Y」軸を調整してみましょう。文字がそれぞれY軸で回転がかかります。この状態で「変形」の「間隔」や「軸」を動かすと、さらに詳細な調整が可能です。

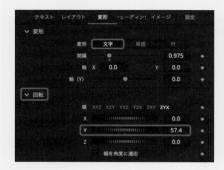

■シアー

「シアー」を使うと文字に角度をつけることができます。作品によってはとても便利で重宝します。

■サイズ

「サイズ」を使うと文字の大きさをX軸・Y軸それぞれ自由に調整できます。PhotoshopやIllustratorなどの外部ソフトウェアでテロップ類を作ることがありますが、「テキスト＋」を使えば近しいことがDaVinci Resolve内で完結できます。

「シェーディング」タブ

「シェーディング」タブの項目です。少しだけ操作やUIにクセがあるのでしっかり覚えましょう。

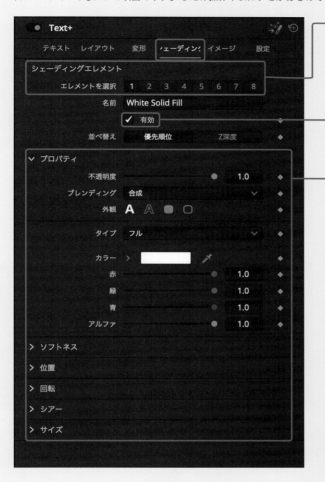

「シェーディングエレメント」でシェーディングの種類を選びます。「エレメントを選択」で「1」から「4」のうち、必要なものをオンにします（「5」から「8」は欠番）。

[有効]にチェックを入れる、とエレメントがオンになります。

オンにしたのち、「プロパティ」以下の項目を調整します。

エレメントの内容は以下になります。なお、複数を組み合わせることもできます。

1：White Solid Fill
　→文字のベタ塗りです（デフォルトでオンになっています）
2：Red Outline
　→文字のアウトラインです
3：Black Shadow
　→ドロップシャドウです
4：Blue Border
　→文字の背景（座布団）です

アウトライン

ドロップシャドウ

文字の背景

(1) ［シェーディング］タブをクリックして、「シェーディングエレメント」の「2」と「3」の［有効］にチェックを入れます❶。テロップにアウトラインとドロップシャドウが付きます。

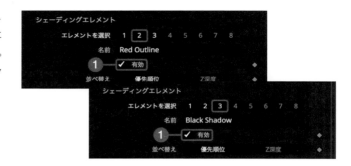

💡 「外観」では、アウトラインの形を選択できます。今回は「通常」（デフォルト）のアウトラインを使います。

(2) エレメント2から調整します。「太さ」を調整するために、ドラッグ操作で数値を設定します❶。

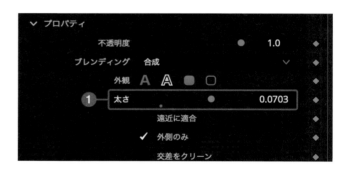

(3) 「カラー」の現在の色をクリックして❶、カラーを変更します。今回は視認性を考えて、黄色系の映像なので補色になる青にします。

エレメント3を調整します。「ソフトネス」と「位置」の「オフセット」を調整します**①**。

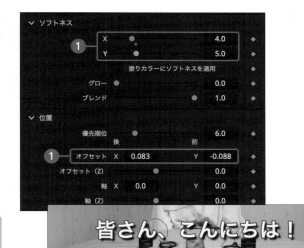

💡 最初に「位置」→「ソフトネス」の順が、調整しやすいでしょう。

  の横に

テロップを挿入する

テロップの基本デザインが完成しました。それでは遥野さんのコメントに合わせて、字幕を作りましょう。コメ

ントの替わり目の「テキスト＋」のクリップをカットします。必要であればクリップを伸ばしてください。

① コメントに合わせてテロップを作成します。先ほどのテキストクリップをコメントに合わせてカットします**①**。

② 2つ目以降の「テキスト＋」のクリップの「テキスト」を、セリフに合わせて変更します。必要であれば位置やサイズも変更してください**①**。

③ テロップが足りなくなったら、前のクリップをコピーしていきます。169ページ手順①のクリップをクリックして選択し、option＋Cキー（Windowsの場合はAlt＋Cキー）を押しながらドラッグすると、クリップを複製することができます❶。複製したクリップにもテキストを入力します❷。

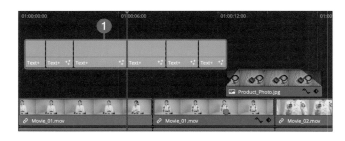

テロップにアニメーションを付ける

続いて商品写真が入って、商品名がコールされます。商品名のテロップは別のデザインにして、かっこよく出てくるアニメーションを作ってみたいと思います。「TASCAM DR-10L Pro」を「TASCAM」と「DR-10L Pro」の2行に分けて、それぞれテロップを作ります。「テキ

スト＋」を追加したあとにデザインを決めたら、上のトラックにコピーしてテロップを分けて、アニメーションを付けます。ひとまず「DR-10L Pro」とテキストを入力し、調整します。

① 166ページの①を参考に［テキスト＋］をタイムラインにドラッグします❶。

② テキストを入力します❶。

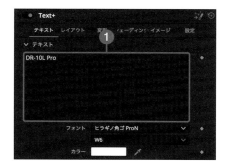

3 各タブをクリックして、以下の通りデザインを設定します。

①テキスト

②レイアウト

③変形

④シェーディングその1（エレメント2）

⑤シェーディングその2（エレメント3）

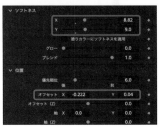

④ 作成したテキストクリップをクリックして選択し、option＋Cキー（Windowsの場合はAlt＋Cキー）を押しながら上にドラッグしてクリップを複製します❶。「ビデオトラック4」が生成され、クリップが複製されます。上のクリップで以下の通り「TASCAM」のテロップを作ります。

①テキスト

②レイアウト

③変形

④シェーディングその1（エレメント2）

⑤シェーディングその2（エレメント3）

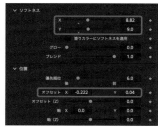

5 デザインが完成したら、この2つのテロップが交差するように現れる動きをキーフレームで作ります。文字の着地点となる再生ヘッドを置きます❶。

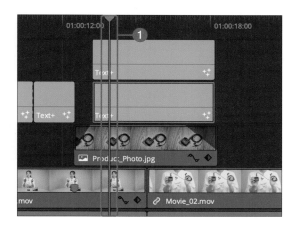

💡 この2つの「テキスト＋」のクリップのレイアウトを活かしたまま動かしたいので、「ビデオ」として扱います。インスペクタ内の「設定」の項目でキーフレームを打つと、通常のビデオクリップと同じようにキーフレームが扱えます。

6 「変形」の項目すべてにキーフレームを打ちます❶。

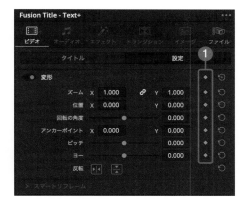

💡 順番はどちらからでも構いませんが、今回は下の「DR-10L Pro」のテロップのクリップから調整しましょう。文字の着地点となる再生ヘッドを置いて、終点としてのキーフレームを打ちます。

7 再生ヘッドを始点に起きます❶。

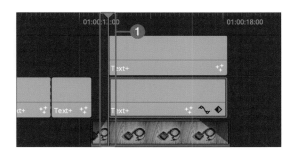

 クリップの無効化

一時的に下のビデオトラックにある「テキスト＋」のクリップに、「クリップの無効化」（ショートカットキーは D キー）を設定することで、上のビデオトラックの調整がしやすくなります。TASCAMのテロップデザインを組み終わったら、再度 D キーで有効化するとよいでしょう。

8 キーフレームを打ち**❶**、「位置」を調整
して画面左下へフレームアウトさせます
❷。

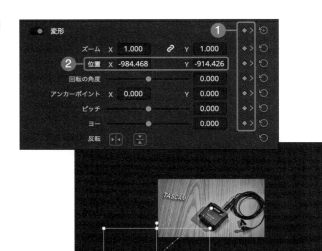

> 💡 同様に、上のクリップにもキーフレームを
> 打っておきましょう。

9 上のクリップの開始点のキーフレーム
は、「位置」を調整して左上へ移動させ
ます**❶**。再生してみると、下のように
テロップが移動します。
始点へ再生ヘッドを移動し、画面左上へ
テロップの位置を移動させます。

> 💡 イン／アウトのタイミングは各自、微調整
> してください。

テロップを複合クリップにしてまとめる

背景となる写真がズームインしているので、終点を超えたあたりから2つのテロップをフェードアウトさせていきましょう。ここで、この2つのテロップを1つのビデ

オクリップとして扱えると操作しやすいので、「複合クリップ」にして1つにまとめます。

Ctrl キーを押しながらクリックして2つのクリップを選択して、右クリックします❶。［新規複合クリップ］をクリックします❷。

クリップの名前を入力し❶、［作成］をクリックします❷。

💡 ここでは「Product_name」と名前を付けています。

2つのテロップが1つのクリップになります❶。

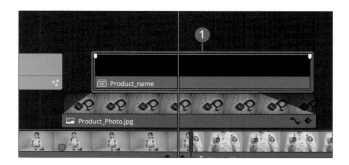

④ 複合クリップの後半を111ページを参考に削除し **❶**、残ったクリップにフェードアウトをかけます **❷**。こうすることで、2つのテロップを同じタイミングで変更をかけたり、移動をしたりした際に便利です。

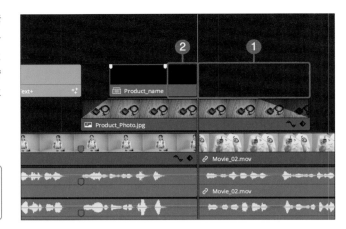

 複合クリップを右クリックして、[タイムラインで開く]をクリックすると、複合前の別々のクリップとして開くことができます。

⑤ 残りのトークカットにもテロップを挿入し **❶**、完成させましょう。

 好みでアニメーションを付けても構いません。

32bit Floatで記録できるスグレモノ

混線や音切れの心配がありません

(こういう小さな囁き声も)

突然の

きちんとクリアに録音可能です！

ドキュメンタリー撮影などにオススメの一品です

バイバーイ

BGMを入れて、
音声のバランスを整えよう

テロップを含めた画の編集が終わったら、音の編集です。
ここではBGMを加えて、声とのバランス調整をします。

BGMを入れて、音量のバランスを整える

1 音楽クリップ（「Music_#2」）をタイムラ
イン（ここでは「オーディオトラック3」）
にドラッグして配置します❶。

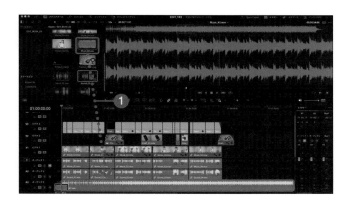

2 そのまま再生すると、音楽に声が埋もれ
てしまう印象です。
BGMの音量を下げて調整しましょう。
今回はトラックのミキサーではなく、
オーディオトラック3に配置された
「Music_#2」のクリップ自体の音声を調
整します。「Music_#2」のクリップを選
択して❶、クリップのボリュームを下
げます❷。

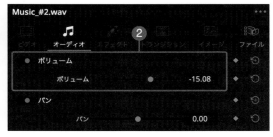

③ このままでは、BGMのほうが大きいので、音量を下げます。[インスペクタ]をクリックして、[オーディオ]をクリックします①。「ボリューム」のスライダーをドラッグして調整します②。再生して確認すると、まだ最後のほうがBGMが大きいので、最終的に「-20.48」まで調整します③。

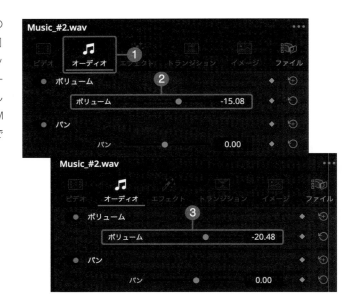

④ 再生して、ミキサーでトラックの音量と、ミックスの音量を確認します①。音量がまだ小さかったら、再度調整を行いましょう

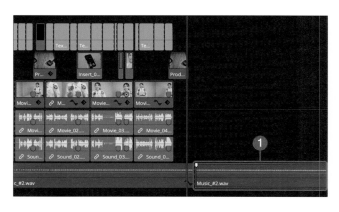

⑤ 111ページを参考にBGMの不要な箇所を分割して削除します①。

6 117～121ページを参考にフェードアウトを設定します**①**。

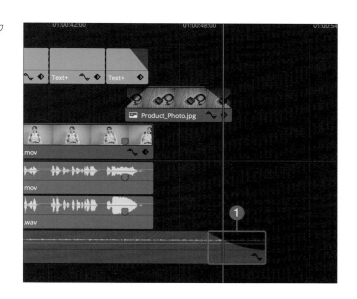

トーク音声の編集

手順**⑥**のあと、BGMの編集は置いておいて、トーク部分の編集を行います。小声で話している部分の音をもう少し持ち上げ、大声の部分をもう少し抑えるよう調整します。32bit float収録できるレコーダーで、きちんと基本のレベルを取ったうえで録音すれば、0dBをオーバー

しても音量を下げれば情報は戻ります。反対に小さい音を上げすぎると、声の背景の環境音まで持ち上げることになるので、ホワイトノイズ（サーッという空間ノイズ）まで上がってしまうので注意が必要です。

 1 それでは対象となる部分のクリップを分割します。始めに、小声のほうです**①**。

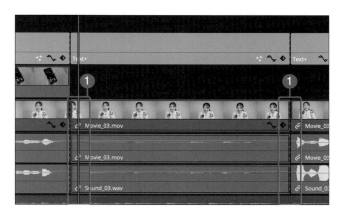

② 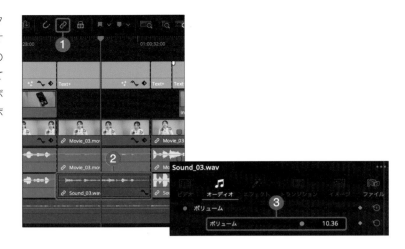をクリックして分割したク
リップのリンクを外します
❶。「オーディオ2」のほうの
音声クリップをクリックして
❷、インスペクタで「ボ
リューム」をスライドしてボ
リュームを上げます❸。

③ 音量を確認する際に、「オー
ディオ2」の⑤をクリックし
て音声をソロにすると❶、
そのトラックの音声のみが再
生されます。戻す際は⑤をク
リックします❷。

④ 同様に音声が大きい部分を小
さくするように調整して、全
体のバランスを整えましょう
❶。

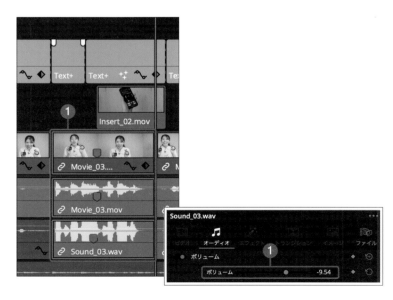

💡 前後のクリップと違和感がな
いように調整しましょう。全部が均
等のレベルになる必要はありませ
ん。小さい声は小さいし、大きい声
は大きいのはあたりまえです。

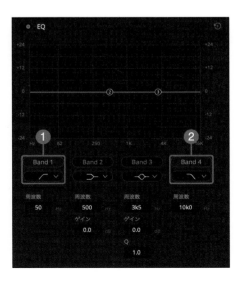

音響を調整する

ソロを解除して全体のバランスを聞いてみます。悪くない感じですが、トーク部分が少し大きく感じます。「オーディオ2」のミキサーで、少しトラックの音量を下げましょう。バランスが整ってきたと思います。あとはトーク部分が少しこもって聞こえるので、今のままでも十分ではありますが、EQを調整してすっきりした音にしたいと思います。

① 再度「オーディオ2」をソロにします❶。音響を整えたいクリップ「Sound_01」をクリックして選択します❷。

② [インスペクタ]をクリックして、[オーディオ]をクリックします❶。[EQ]をクリックして、オンにします❷。

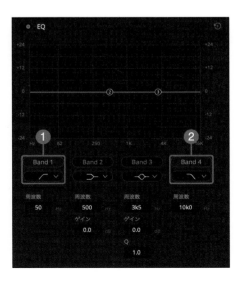

③ [Band1]をクリックしてオンにします❶。同様に[Band4]もクリックしてオンにします❷。

④ 右の画面のようにそれぞれ「周波数」と
「ゲイン」を右画面のように調整します
❶。

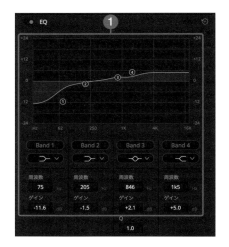

⑤ ほかの音声クリップに「EQ」の設定をコ
ピーします。もとのクリップをコピーし
て❶、コピー先のクリップを右クリッ
クします❷。[属性をペースト]をクリッ
クします❸。

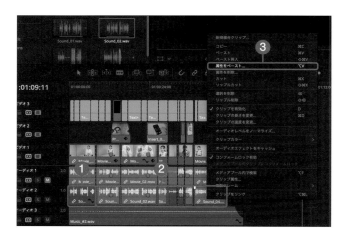

⑥ 「オーディオ属性」の[EQ]をクリックし
てチェックを付け❶、[適用]をクリッ
クします❷。

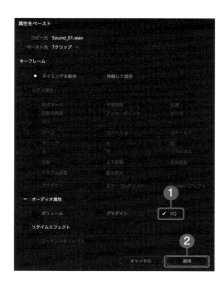

ほかのクリップにEQが適用されます❶。

 最後に全体の音声を確認して、微調整を
したら完成です。

✏ EQ（イコライザー）とは

周波数はHzで表され、音の質を司ります。声にとって重要な帯域は128Hz～8kHzとされています。一般的な女性の声が1kHzとされています。EQはこの周波数ごとの音量を調整する作業になります。基本ローカット（128kHzあたりまでの低音部分を切る）し、中低域から中域を少し調整することで、声は聞き取りやすくなります（さらに中高域を上げて明瞭度を上げることもあります）。

しかし、素人が触ってもめちゃくちゃになることが多く、動画編集のプロでも音の仕上げは専門家に発注しているくらいです。ただ、EQを少し調整するだけで声の質（耳ざわり）が変わることを認識して、録音時にとにかく「よい音」を収録することを考えてください。

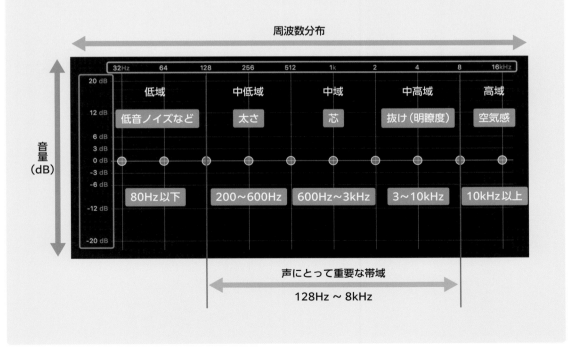

⑨ 最終的にトラックごとの音量を調整をしつつ、MIX（「Bus1」）の音量を調整して仕上げます。音量のバランス調整が済んだら、データを書き出します（Sec.37参照）。

✎ オーディオメーター

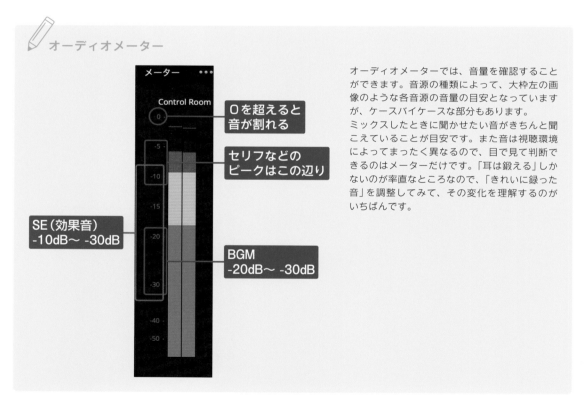

オーディオメーターでは、音量を確認することができます。音源の種類によって、大枠左の画像のような各音源の音量の目安となっていますが、ケースバイケースな部分もあります。

ミックスしたときに聞かせたい音がきちんと聞こえていることが目安です。また音は視聴環境によってまったく異なるので、目で見て判断できるのはメーターだけです。「耳は鍛える」しかないのが率直なところなので、「きれいに録った音」を調整してみて、その変化を理解するのがいちばんです。

動画の書き出しをしよう

エディットページでもQuick Exportが使えます。やり方はカットページで書き出したとき（89ページ参照）と同じです。今回は、131ページのデリバーページではなく、こちらで書き出しをします。

Quick Exportで動画を書き出す

① ［Quick Export］をクリックします❶。

② 動画の書き出し形式（ここでは［H.264]）をクリックして選択し❶、［書き出し］をクリックします❷。

③ 動画の書き出しが開始します。

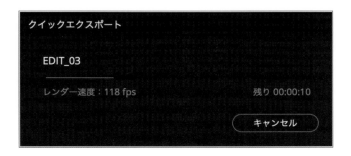

フォーマットとコーデック

映像制作を始めると当たり前のように出てくる「フォーマット」と「コーデック」という言葉ですが、それぞれの違いについて確認しておきましょう。「フォーマット」とは、「.mov」や「.mp4」のような拡張子で視認できる「データを入れる箱」です。コンテナフォーマットとも呼ばれます。一方の「コーデック」は「その箱の中に入れるデータをエンコード／デコードするプログラム」のことで、大抵の場合、データサイズを小さくするために、エンコード（圧縮）されています。「h.264」や「ProRes」などがそのエンコードの種類を示しており、データをぱっと見ただけでは中身が何かわかりません（コーデックはメタデータで確認することができます）。コーデックは種類によって、視聴するには容量が小さくてよい高圧縮なものや、容量は大きいが編集作業がしやすい低圧縮なものがあります。エンコードされたデータを再生や編集する際に、デコード（解凍）が必要になるため、高圧縮なものほどパソコンに負荷がかかります。

■中間コーデック
最近ではパソコンの基本性能が上がっているため、高圧縮の素材でもそのまま編集することができたりもします。しかし、高圧縮でパソコンの動作がいまひとつなときは、編集素材を低圧縮な「ProRes」へ変換することで、編集がしやすくなります。しかし、容量が大きくなるというデメリットもあります。この編集のためのコーデックを、「中間コーデック」といいます。

◻ フォーマット＝箱（コンテナ）

※コンテナフォーマットと呼ばれる

◻ コーデック＝プログラム

※エンコードされているので、編集・再生時にデコードが必要になる
※「ProRes」は低圧縮なので、編集時にパソコンへの負荷が少ない

■IntraとLong GOP
コーデックに関連して、「Intra」と「Long GOP」についても知っておく必要があります。これは映像のコマ（フレーム）の収録形式のことで、Intraはわかりやすく1コマが独立した画像として収録されているのに対して、Long GOPは1コマが独立しておらず、前後のコマから画を予測してデータを収録しているものです。予測データベースなので、本来の意味でデータは完全なものではありません。そのため、収録時の容量は少なく、再生するだけならよいのですが、編集時には予測データをコマとして読み出す必要があるため、パソコンにたいへんな負荷がかかります。LongGOPで撮られた素材はかなりの高性能なパソコンでもサクサクとは動きません。そのような素材をDaVinci Resolveで使う場合は任意のクリップを選択し、「最適化メディアの生成」を選択することで、任意のコーデックへ変換することができます。変換する分、素材の容量は増えますが、編集はサクサクできるようになります（プロジェクト設定から「マスター設定」の中の「最適化メディア＆レンダーキャッシュ」の項目の中で変換するコーデックを設定できます。デフォルトでは「ProRes422 HQ」です）。

Chapter

5

エディットページ
（上級編）

第3章で基本を、第4章で応用を学びました。この章では、エディットページをさらに使いこなす上級テクニックを紹介します。また、章の最後には、Fairlight ページについてかんたんに解説をしています。

この章で
学ぶこと

エディットページの上級技を知ろう

①マルチカム編集

複数のカメラで撮影した動画の場合は、マルチカム編集を行ってみましょう。クリップもマルチカムクリップに置き換えます。

🔲 複数の映像を切り替えて編集する

②デュアルタイムライン

複数のタイムラインを同時に表示することができます。また同時に表示したタイムラインどうしで素材の移動が可能です。

🔲 複数のタイムラインを表示して素材をインサートする

③OP／EDの作成

動画のOP（オープニング）とED（エンディング）の映像を作成しましょう。今回は上級編として、アニメーションのタイトルを使って作成します。

🔖 タイトルを挿入する

④自動文字起こしの利用

音声を自動で文字起こしする機能を利用すると、自動で文字起こしした字幕のクリップが作成され、編集もかんたんです。

🔖 自動文字起こしで字幕テロップを作成する

⑤Fairlight ページの活用

Fairlight ページで音声の編集を行ってみましょう。ページの紹介とかんたんな音声編集を紹介します。

🔖 Fairlight ページで音声を編集する

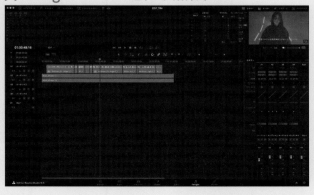

動画編集を始める前の準備をしよう

エディットページでの動画編集を始める前に、素材を取り込んでおきましょう。
今回はインタビュー形式の動画の素材を使います。

プロジェクトを作って素材を読み込む

① エディットページを開き、[新規プロジェクト] をクリックします❶。プロジェクト名を入力して❷、[作成] をクリックします❸。

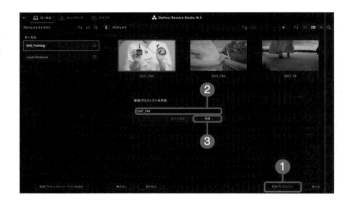

② ダウンロードファイルの「EDIT_BOOK_04」のフォルダをメディアプールに読み込みます❶。

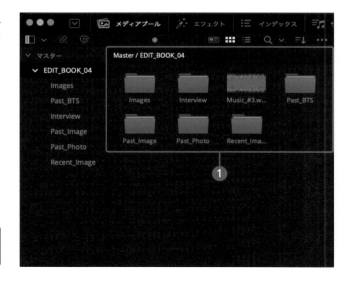

💡 「EDIT_BOOK_04」の素材は、29.97pや60pや24pなどいろいろと混ざっています。

③ ［変更しない］をクリックします❶。

④ 画面右下の⚙をクリックして❶、「プロジェクト設定」画面を開きます。

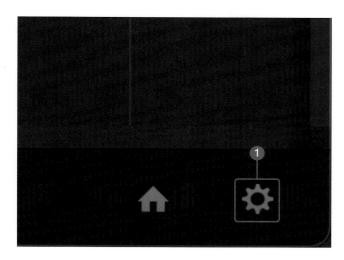

⑤ 「タイムライン解像度」は［1920x1080 HD］に❶、「タイムラインフレームレート」を［23.976］に設定します❷。

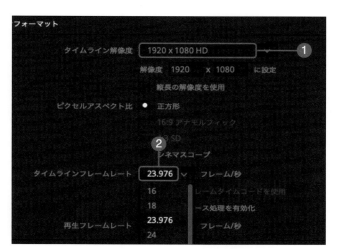

この章で使う素材

この章で作成するのは、「インタビュー形式」のドキュメンタリー風プロモーション映像です。遥野さんがインタビューに答え、そこに関連、連想されるイメージカットがインサートされている映像作品です。参考までに、筆者が作成した映像を確認できるようにしておきます。ここでは「カラー作業」を行う前のファイルになっています（ファイル：Reference_Before_Color）。

素材の中身を確認しましょう。メディアプール内には、フォルダが5つと音楽ファイルが1つ入っています。

📄「Interview」フォルダ

Interview_long
× 5クリップ

Interview_up
× 5クリップ

遥野さんのインタビュー映像が2カメ×5クリップの10クリップ

2パターンともにコントラストが弱く、色が淡い映像です。
ログガンマ（明るさと色の後処理を前提としたもの）で撮られたクリップです。音声を確認すると「Interview_long」のほうにきれいな音声が、「Interview_up」のほうはカメラマイクの音が入っています。

📄「Recent_Image」フォルダ

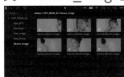  

Haruno_Recent_Image　× 6クリップ

ポーズを取る遥野さんのイメージ映像が6クリップ

こちらもログガンマで撮られたクリップです。スローモーションで撮られています。

📄「Past_Photo」フォルダ

Haruno_Photo　× 9クリップ

遥野さんの写真素材が9クリップ入っています。

📖 「Past_BTS」フォルダ

Haruno_BTS　×60クリップ

撮影現場のBTS（Behind The Sceneの略で「舞台裏」という意味）の短いカットが60カットあります。注目すべきは通常のビデオガンマで撮られたクリップ（コントラストと色がハッキリしているもの）とログガンマが混在していることです。

📖 「Past_Image」フォルダ

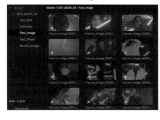

Haruno_Image　×27クリップ

遥野さんの出演した過去作品のフッテージが27カットあります。これもすべてログガンマで撮影されています。

📖 Music_#3

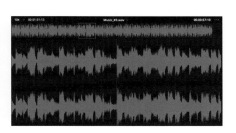

BGMファイル

素材の多さに驚いた方もいるかもしれませんが、実際に映像を制作していくとこれ以上の素材数になることはあります。的確に素材の内容を確認・把握し、俯瞰で素材を整理して、描きたい物語になるように取捨するかが編集です。作るべき映像を一度整理しましょう。

作る映像を整理して考える

すぐに作業に入る前に、一度どういう形で映像を作っていくのか「脳内タイムライン」もとい、設計図を作ってみましょう。手元にある素材を俯瞰で眺めると、手順がシンプルに見えてきます。

素材の内容から、下記のような本映像の設計図を作ってみました。

字幕テロップ

写真

BTS

Image

BTS

Image

OP
イメージ

ダイアログ
（2カメ　インタビュー）
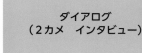

ED
イメージ

♪BGM

主軸（Aロール）となるのは遥野さんのインタビュー映像です。彼女の言葉にインサート映像を重ねて、映像をより具体的にしていきます。インサート素材は「写真」「過去のイメージ映像」「過去の現場のBTS」があります。「現在のイメージ映像」もありますが、インタビュー映像と衣装とメイクが同じなため、使うとしたらOPやEDがよいでしょう。

インサート素材たくさんありますが、選ぶポイントとしては彼女の言葉の中から、「連想」「拡張」できるものを選びます。たとえば、

・役者、モデルをやっている　→　モデルの写真素材・撮影風景・映像の完成イメージ
・コミュニケーションをとる　→　撮影スタッフとのやりとり、現場の景色
・これから目指すもの　→　現場の風景、映像イメージ

など、連想できるものを言葉に合わせるとインタビューの言葉が説得力を増して、映像に力が出ます。もちろんこれには答えはなく、作る人の感じ方と演出意図次第で無限に広がっていきます。そのように映像に肉付けをし、最後にOPとEDを付けます。写真素材を使ってもよさそうですし、タイトルを付けてもよさそうです。話している内容は字幕があってもよいでしょう。

このように素材を確認しながら脳内に設計図を作ると、何から作業すればよいかがわかってきます。まずは最初にインタビュー映像を組んで、映像の骨組みを作ることから始めましょう。

マルチカムクリップを作ろう

今回のインタビューは、複数のカメラ（マルチカム）で撮影されています。「マルチカム編集」を使って編集することで、2つのアングルを見ながら操作ができます。

マルチカムクリップを作る

複数のカメラで撮影した映像のクリップを、時間軸（タイムコード・音声）に沿ってタイムラインに配置し、同時に再生しながらスイッチング（カメラを切り替える）することでカット編集する機能を、「マルチカム編集」といいます。ノンリニア編集ソフトには搭載されている

機能であり、DaVinci Resolveにも搭載されています。マルチカム編集をするには、対象のクリップどうしを組み合わせて「マルチカムクリップ」を作る必要があります。

①　マルチカムクリップにしたいクリップを⌘キー（Windowsの場合は Ctrl キー）を押しながらクリックして、複数選択します❶。

💡 今回は、「Interview_long_01」と「Interview_up_01」を選択します。

②　選択したクリップを右クリックして、[選択したクリップで新規マルチカムクリップを作成]をクリックします❶。

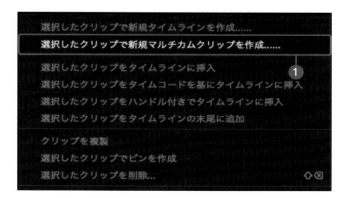

③ 「マルチカムクリップ名」に名前を入力して❶、2つのクリップをどのようなパターンで同期するかを「アングルの同期」で設定します。両方のカメラ素材に音声がきちんと収録されているので、[サウンド]でも同期できますが、今回は収録時に2つのカメラにタイムコードを同期させて収録しているので、[タイムコード]を選択します❷。[作成]をクリックします❸。

💡 マルチカムクリップに名前を付けます。「Multicam_01」としておきます。

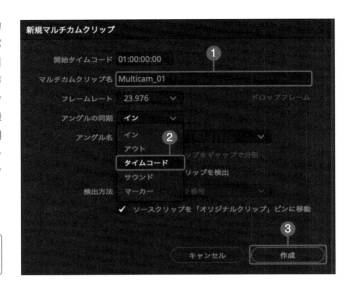

④ メディアプール内にマルチカムクリップが作成されます❶。マルチカムにした2つのもとのクリップは、「オリジナルクリップ」フォルダ内に格納されます❷。マルチカムクリップには、🔳 が表示されます❸。

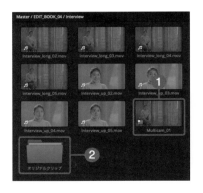

⑤ 生成されたマルチカムクリップをソースビューアで確認すると❶、アングルが2つ含まれていることが確認できます。

マルチカム編集に切り替える

1 マルチカムクリップをタイムラインにドラッグして配置します❶。

💡 自動で「Timeline1」と名付けられます。あとで名前の変更はできます。

2 ソースビューアの▦をクリックし❶、[マルチカム]をクリックします❷。

3 マルチカム編集モードになると、▦に切り替わります❶。

スイッチングでカットを切り替える

マルチカムクリップには、2つのアングル（Interview_long_01/Interview_up_01）が含まれています。そのため、マルチカム編集モードのソースビューア上に「Angle 1」（ヒキ）と「Angle 2」（ヨリ）が表示されています。今回は2カメですが、カメラの台数が増えればどんどんアングルが増えていきます。

マルチカム編集モードでは映像を再生しながら（停止していても可能ですが）、ソースビューアの切り替えたいアングルをクリックし、スイッチング（切り替え）してカットを変更していきます。

 現在選択されているアングルが、「画と音」の場合は、赤枠で表示されます❶。

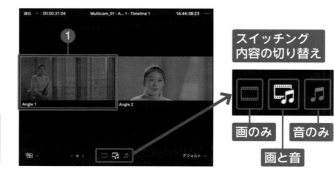

💡 マルチカム編集モードのソースビューアの下にあるアイコンで、スイッチング内容を切り替えます。

✏️ スイッチング内容の切り替え

スイッチング内容が違うと、同じタイミングでアングルを変えたときに内容が変わります。

画のみ

「画のみ」に切り替えると、音は「Angle 1」のままで再生ヘッドの位置から画だけ「Angle 2」に切り替わる

画と音

「画と音」に切り替えると、再生ヘッドの位置から画も音も「Angle 2」に切り替わる

音のみ

「音のみ」に切り替えると、再生ヘッドの位置から音だけ「Angle 2」に切り替わる

②　ほかのアングルをクリックすると、枠表示が移動します❶。再生ヘッドの位置でアングルが切り替わります❷。

💡　右の画像の例でいうと、「Angle 1」に再生ヘッドがあるとビューアの左の動画に赤枠が表示され、「Angle 2」に再生ヘッドがあるとビューアの右の動画に赤枠が表示されます。

③　今回の場合、高音質な音声は「Interview_long_01」のほう（「Angle 1」）に入っているので、基本は「Angle 1」の音を使用して、画だけ「Angle 2」と切り替えていきます❶。

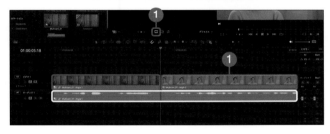

💡　「Angle 1」は数字キーの①キー、「Angle 2」は②キーに対応しており、再生しながら数字キーを打つことでスイッチングできます。

✏️ 青枠と緑枠

マルチカム編集モードでは、「画と音」が切り替わっているときは「赤枠」で表示されます。「画のみ」が切り替わっているときは「青枠」、「音のみ」が切り替わっているときは「緑枠」で表示されます。

再生しながら数字キーでスイッチングができます❶。スイッチングした編集点は従来のタイムラインと同様、選択してドラッグすることで調整が可能です❷。

編集点のキャンセル

スイッチングした編集点は選択状態にして delete キーを押すことでキャンセル（削除）することができます。

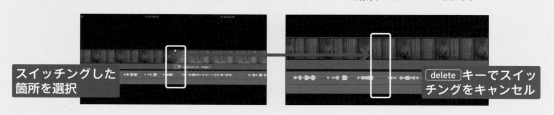

スイッチングした箇所を選択

delete キーでスイッチングをキャンセル

スイッチングしたクリップ

スイッチングしたクリップは、右画面のように個別に分割され、それぞれ独立したクリップとなります。たとえばカラー作業をする際にも個別のクリップとなるので、スイッチングする前にカラー作業を行いますが、スイッチングしたあとにカラー作業をする際にグループ化するなど工夫が必要になります。

マルチカムクリップの音声を扱う

素材映像を撮影したカメラは、「Interview_lomg」はFX6（ソニー）、「Interview_up」はFX3（ソニー）を使用しています。カメラは音声を分けて入力ができ、音声部分はオーディオチャンネル（音声チャンネル）と呼ばれ、「CH」（チャンネル）と表記します。たとえばショットガンマイクをCH1、ワイヤスマイクをCH2、カメラ本体の内蔵マイクをCH3／CH4といったように、それぞれ収録することができます。

今回のカメラFX6は4CHで収録しているので、CH1とCH2をメイン音声とし、CH3とCH4にはカメラ内蔵マイクを入れています。一方のカメラFX3は、FX6とタイムコード同期の際に、トラブルがあったときのための音声同期ができるよう、カメラ内蔵マイクで収録しています。つまり、基本的にFX3の音声は不要で、FX6のCH1とCH2が使えれば問題ありません。

▶Interview_long（FX6（ソニー）：4CHに音声が収録可能で今回4CHで音声収録）

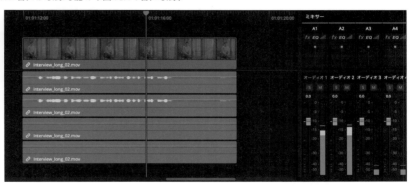

▶Interview_up（FX3（ソニー）：4CHに音声が収録可能だが、今回カメラマイクのみ使用なので1CH）
※ステレオ収録されているので2CH分の情報が含まれています。

この２つをマルチカムクリップ化するとオーディオトラックはどういう状態になるでしょうか？　タイムライン に配置した「Multicam_01」のクリップを展開して確認してみましょう。

クリップ属性を設定する

① マルチカムクリップを右クリックして
❶、［タイムラインで開く］をクリック
します❷。

② 「Multicam_01」のクリップがタイムライ
ン上で展開されます❶。オーディオを
見ると「Angle 1」のクリップ（Interview_
long）が1CH分しか表示されていません。

 音声クリップのタイムラインの右にある（ ）
の中にある数値は、CH数を表しています。
「Angle 1」は（4）なので、4CHあるということ
になります。

③ 「Angle」のクリップを右クリックして
❶、［クリップ属性］をクリックします
❷。

「クリップ属性」画面が開き、現在選択されているクリップの詳細の確認、設定の調整が可能です。「音声」タブをクリックすると❶、「フォーマット」が［適応4］に設定されています❷。これは、中身のチャンネルが4つあるということです。「ソースチャンネル」はその4つの中身が何かを示していて、［エンベデッドch］（組み込まれたチャンネル）が、1CHから4CHの4つということです。また、「トラック」には［オーディオ1］が設定されており、［オーディオ1］のトラックの中には4つ分のチャンネルが組み込まれているということになります。今回はあまり影響はありませんが、カメラ内蔵マイクのCH3／CH4の音は使いたくありません。CH1／CH2だけを使いたいので、フォーマットを［適応2］にします❸。

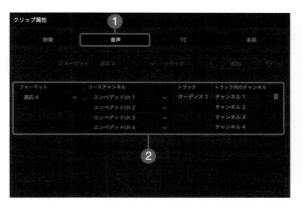

そうすると、「ソースチャンネル」が［エンベデットch 1］［エンベデットch 2］となります❶。対象のエンベデッドを操作して同一のCHを選択できます。今回は、下の［エンベデッドch 2］をクリックして、［エンベデッドch 1］にし、「エンベデッドch 1」が2つあるように選択します❷。［OK］をクリックすると適用されます❸。ちなみに今回の「Angle 1」に使用している「Interview_long_01」の音声は、外部で録音しているものをカメラのCH1／CH2に同じ音を送って、レベル違いで収録しています。

ダイアログのタイムラインはモノラルで行う

「ステレオ」は立体的な音響表現をするため、左右2チャンネルの音を2つのスピーカーでそれぞれ再生します。映像を書き出す際、音声はステレオで書き出されることがほとんどです。一方の「モノラル」は、1つのチャンネルの音を1つのスピーカーで再生します。DaVinci Resolveのタイムラインのオーディオトラックの種類は、トラックの右端にステレオは「2.0」、モノラルは「1.0」と数字で示されています。

なお、トラックごとに「Stereo」(ステレオ)や「Mono」(モノラル)を変更でき、人の声(セリフ、インタビュー、ナレーション)を扱うトラックは、必ず「Mono」にします。

2.0=ステレオ
1.0=モノラル

トラックを選択→右クリック→トラックの種類を変更で変更可能

人の声を配置するトラックは「Mono(1.0)」にする

このSectionで作成したマルチカムクリップのオーディオにはCH1 / CH2のどちらにも同じ音が入っているので、オーディオトラックがステレオでも問題はありません。ただ、CH1とCH2の音はレベルが違うため、モノラル音源としてCH1 / CH2が均等になったほうがよい結果になります。そのためオーディオトラックを「Mono」にして、マルチカムクリップの編集を行います。

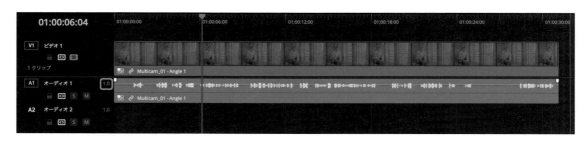

モノラルのオーディオトラックに変更

マイクの種類によってはモノラルで収録される

空間の音を収録するときは、左右の臨場感を収録するためにステレオマイクを使用しますが、人の声を収録するときにショットガンマイクやラベリアマイク（ピンマイク）を使用します。ショットガンマイクやラベリアマイクはモノラルマイクのため、収録される音はモノラルになっています。そのため、モノラルの音源をステレオのオーディオトラックで再生すると、左右どちらかしか音が出なくなります。

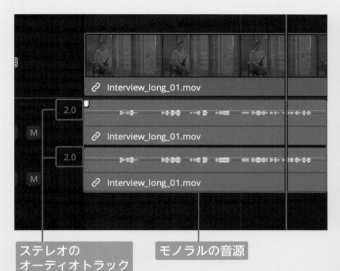

ステレオの
オーディオトラック

モノラルの音源

メーターが
2列になる
（ステレオ）

左側しか
音が出ていない

対象のトラックを [Mono] にすると、LR均等に音が振り分けられて均一になります。

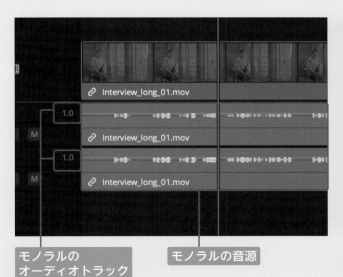

モノラルの
オーディオトラック

モノラルの音源

メーターが
1列になる
（モノラル）

ミックスされてステレオになっても均等の音量になる

マルチカム編集をしよう

いよいよマルチカム編集を進めていきます。「Multicam_01」を置いたタイムラインのオーディオトラックを「Mono」にした前提で進めていきましょう。オーディオは「Angle 1」を使うので、スイッチング内容は画だけにします。

マルチカム編集をする

スイッチングしながら編集を行います。のちほどインサート映像を入れますが、ここでは言葉に合わせてヒキ→ヨリにスイッチングします。通常の編集と同様、不要

部分（間が空いてしまった部分）は削除してトークを完成させましょう。

1　マルチカムクリップにするクリップを[Ctrl]キーを押しながらクリックして複数選択し❶、右クリックして［選択したクリップで新規マルチカムクリップを作成］をクリックします。「アングルの同期」を［タイムコード］に設定します❷。［作成］をクリックします❸。

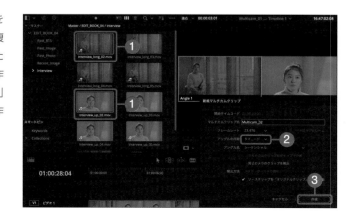

② マルチカムクリップをタイムラインにドラッグして配置し、右クリックします❶。[タイムラインで開く] をクリックします❷。

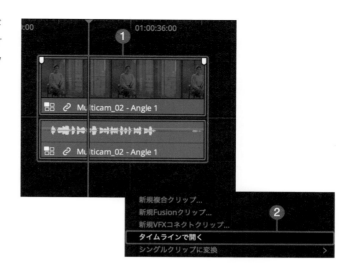

③ 「Inteview_long_02」を右クリックし❶、[クリップ属性] をクリックします❷。

④ [音声] タブをクリックします❶。「フォーマット」を [適応2] に設定します❷。[OK] をクリックします。

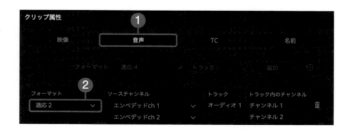

⑤ [Timeline 1] をクリックして❶、編集タイムラインに戻ります。

マルチカム編集以外の作業をしてからマルチカム編集に戻ったとき、マルチカム編集ができないときがあります。大抵の場合、ソースビューアのモードがマルチカム編集モードになっていないことが多いです。作業の前に必ずソースビューアの左下のモードを確認しましょう。また、シングルビューアモードではマルチカム編集はできないので注意が必要です。

内容の編集とアングルのスイッチングが完了したら名称部分をクリックしてタイムラインの名称を「01_A-roll」に変更し**❶**、「EDIT_BOOK_04」にドラッグ＆ドロップして**❷**、移しておきましょう。

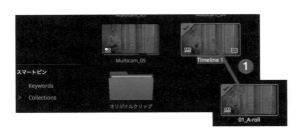

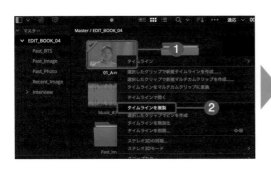 このあと「A-roll」のタイムラインにインサート映像や字幕を入れるなど内容の変更を加える編集作業を行うため、念のためコピーしておきましょう。クリップを右クリックして**❶**、[タイムラインを複製]をクリックします**❷**。複製されたものは、語尾に「copy」と表示されるので**❸**、名前を変えてダブルクリックで開きます**❹**。複製したタイムラインの名前を「EDIT」と付け、このタイムラインをダブルクリックして開き、以後の編集を進めていきましょう。

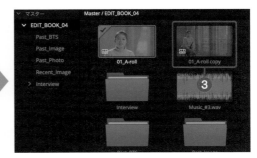

✏️ 「Angle 2」にしたい場合

最初のフレームから「Angle 2」にしたいときは、1フレーム進めてから「Angle 2」にして、編集点を調整します。

1 フレーム進めてスイッチング　　**編集点を調整**

Aロールの内容を確認する

Aロールのインタビューの内容を確認します。きちんと内容を把握することで、インサート素材の選別がしやすくなります。内容を把握すると大きく3パートになっていることがわかりました。

自己紹介

00:01:11-00:09:10	遥野です。現在は役者とモデルを主軸にお仕事をさせていただいております。
00:09:12-00:18:13	学生の頃から被写体として活動していて、現在は写真と映像を中心に仕事をさせていただいております。
00:19:10-00:31:14	主な作品としては、ミュージックビデオであったり、ファッション、ビューティーのほうもやらせていただいております。
0031:17-00:37:00	最近ではショートムービーで演技のほうにも挑戦させてもらっています。

自分の強み

00:37:05-01:07:22	自分の役者としての強みというところで、よくご一緒させていただくスタッフさんにいわれることとしては、画面の中での空間認識能力が高いというふうにいつもお褒めの言葉をいただいていて、決まった画角の中で自分がどういうふうに動いていればいいのか、だったりとか、どこからどこまで映っているのかというのが、感覚的にわかっているところが私のいちばんの強みだと思います。

これからの夢

01:08:22-01:20:08	これから目指す俳優像としては、吉田羊さんや樹木希林さんのようなすごく魅力的で存在感のあるような俳優さんになりたいなと思っています。
01:20:12-01:39:22	今、自分の若いという状態も大事にはしつつ、そこから色々な経験をもっともっと積んでいって色々な人と出会って、色々な会話をしていって、自分が色々なものを感じていって、より魅力的な俳優さんになっていきたいなと思います。

Bロールを粗編集しよう

前Sectionで、Aロールの編集を行いましたので、次にBロールです。
今回のインタビュー映像に使えそうな素材を把握するために粗編集（ざっくりと使える所を
洗い出す）をして、使えるBロールとしての素材集のタイムラインを作成します。

粗編集をする

Bロールは「BTS（撮影風景）」「イメージ」「写真素材」が
あります。写真素材は見ればすぐ確認できますが、BTS
とイメージは膨大な素材量です。まずはBロールにどん

な「使える素材」があるか確認してから粗編集をしてみ
ましょう。

① 「02_B-roll_bts」というタイムラインを
作成し、「Past_BTS」のフォルダ内のク
リップをすべて配置します①。

② タイムライン内の素材を確認して、音声
など不要なものは削除し、使えそうなも
のはクリップにカラーラベルを使って色
で印を付けていきます。カラーラベルは
クリップを選択して右クリックし①、
［クリップカラー］をクリックして②、
色を選択することで③、付けることが
できます。

③ 素材の粗編集が完了します。39クリップでおよそ1分45秒になりました。

④ 「Past_Image」フォルダの素材の粗編集をします。19クリップでおよそ1分になりました。

💡 「03_B-roll_Image」という名前のタイムラインを作ります。

💡 こちらも音声は不要なので削除しましょう。60pの素材もあるので、メタデータを確認しておきましょう。60pの素材であれば、再生速度を遅くすることでスローモーションにすることもできます。

⑤ 写真素材も粗編集をしましょう。クリップと同様にタイムラインにドラッグし、配置して行うことができます❶。これで「Bロール」の素材集としてのタイムラインが3つと、「Aロール」の元素材集が完成しました。この3つのBロールタイムラインから、「EDIT」のタイムラインに素材をインサートしていきます。

💡 写真素材は特に編集する必要はないので、どんな写真があるかだけ把握しておきましょう。

Bロールのインサートをしよう
（デュアルタイムライン）

「EDIT」のタイムラインを開いて、3つのBロールのタイムラインから素材をコピーします。DaVinci Resolveは複数のタイムラインを同時に表示することができ、同時に表示したタイムラインどうしで素材の行き来が可能です。この方法で素材をインサートしていきます。

タイムラインの表示を変更する

① 複数のタイムライン表示をするために、まずタイムラインの表示を変更します。タイムラインの■をクリックして①、■（スタック表示）をクリックすると②、タブ表示になります③。タイムラインを切り替えるときにかんたんになります。

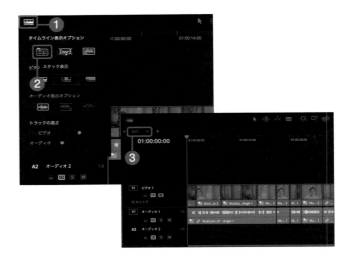

② タイムラインの■をクリックします①。そうすると、タイムラインがもう1つ別に表示されます②。

複数のタイムラインをタブ表示させる

① 左上のタブの▼をクリックして、[02_B-roll_bts] を選択し❶、タイムラインを変更します。

② ➕をクリックします❶。

③ タブが増えてタイムラインが選択できます。タブから[03_B-roll_Image]をクリックして選択します❶。

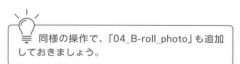
💡 同様の操作で、「04_B-roll_photo」も追加しておきましょう。

④ 最後にタブから[EDIT] をクリックして選択して開きます❶。

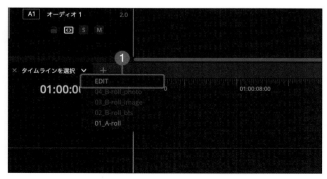

5 デュアルタイムラインの画面では、上のタイムラインに「B-roll」のタイムラインが3つ、下のタイムラインに「EDIT」のタイムラインが表示されました。

素材（インサート元）
タイムライン

編集用タイム
ライン

6 下のタイムラインでビデオトラックを追加（ビデオトラック上で右クリック）をして、[トラックを追加]をクリックし❶、ビデオトラックを2〜3つ追加しましょう❷。上のタイムラインからドラッグ＆ドロップで素材を持ってくる際にビデオトラックが必要になります。

7 上のインサート素材を下のタイムラインにコピーして編集します。上下のタイムラインどうしで、クリップの行き来が可能になります❶。

任意ですが、ビデオトラックの名称を変更しておくと素材の管理がしやすいです。インサートする素材によってタイムラインを分けておくとよいでしょう。この手法でBロールを入れていきましょう。

Bロールのインサートをしよう
（カットページのソーステープモード）

Aロールの編集が終わったあと、膨大なBロールの素材を管理、閲覧、インサートをするには、カットページの「ソーステープモード」を使うと便利です。デュアルタイムラインの代替案となります。

ソーステープモードでインサートする

1 「EDIT」のタイムラインを選択状態でカットページに移動します。ここでは例として、「Past_BTS」のフォルダをダブルクリックして開きます❶。

2 ビューア左上のアイコンの中の▦（「ソーステープ」モード）をクリックして選択します❶。

ビューア上でイン／アウト点を設定します❶。

 メディアプールの下にある■「最上位トラックに配置」）をクリックします❶。

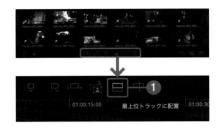

⑤ タイムラインの上位トラック（「ビデオトラック2」）に素材がインサートされます❶。

⑥ 手順③〜⑤を繰り返してインサートを続けます❶。タイムラインで粗編集が面倒だったり、感覚的にブラウジングして素材を見つけたりしたいときにおすすめです。

好きな場所に続けて
インサートできる

✏️ ソーステープモード

ソーステープモードでは、現在選択しているフォルダ内の複数のクリップが「1本のテープ」のように並んで連続でプレビューでき、そのままイン／アウト点の設定も可能です。そこからタイムラインへ直接インサート作業ができます。

音楽を入れて映像の微調整をしよう

Aロールへ Bロールの素材をインサートしたことで映像の完成形が見えてきました。
Aロールの上に Bロールをインサートし終わったタイミングで、BGMを合わせましょう。
このとき、オーディトラックが「Stereo」になっているようにします。

調整前に Aロールへ Bロールをインサートする

 Aロールへ Bロールをインサートします❶。

💡 インサートの画の選別やタイミングは好みでかまいません。難しい場合は、付録の参考映像を見ながらインサートしてみましょう。

 インサートが完了します❶。

💡 タイムラインの複数表示による素材のインサートを行うとき、使用した（Aロールへ運んだ）Bロール素材は1つ上のビデオトラックに移動しておくと、次に素材を探す際に一目で「使用した素材がどれか」わかるのでおすすめです。

音楽を入れる

Aロールの上にBロールをインサートし終わったタイミングで、BGMを合わせてみましょう。このとき、オーディオトラックは「Stereo」にします。BGMを聴きながら音の

レベルを始め、OPやEDのタイミングを調整したり、Aロールのインタビューどうしの間などを調整したりします。

　音楽クリップを「オーディオ2」のトラックにドラッグして追加します**①**。

このとき、トラックを「Stereo」にしましょう。

　頭にOP用のカットを入れるスペースを作ります**①**。エンディングはインサートしたイメージショットを入れています**②**。

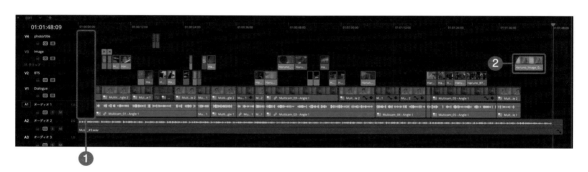

 そのほか、インタビュー映像にはキーフレームを打ってズーム効果を付けています。

✏️ 映像編集に正しい答えはない

どう調整すればよいのか迷うかもしれませんが、編集点を揃えて音楽に合わせて気持ちよくタイミングを調整したり、インタビューのスイッチングを変更したりして、自分が気持ちよく感じる映像に仕上げていきます。映像編集に正しい答えはありません。

このセクションで「筆者は何をしたか」という点では、BGMのタイミングを測って最初の「遥野です」というインタビューの開始点を「3秒20フレームから」にしました。ここにオープニング用にイメージカットとタイトルを入れていこうと思います。また、偶然にもEDはBGMの尺とだいたい合っているので、EDは現在配置してあるインサート素材のイメージショットを活かすことにしています。映像編集に正しい答えはないのです。

③ インタビュー映像にキーフレームを何ヶ所か打ち❶、ポストズーム（編集で擬似的にズーム処理を施す）をかけます❷。これにより、遥野さんの話している言葉に注目を集める効果を生むことができます。

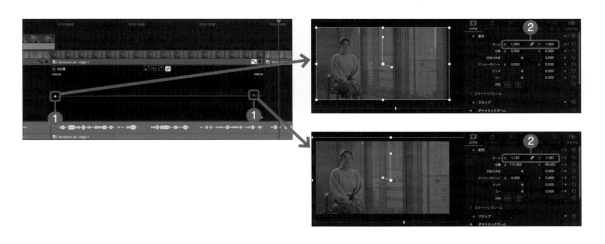

編集でズーム効果を付ける

④ BGMは全体の音量を下げ、インタビューが入るあたりで小さくなるように、「Music_#3」のクリップにキーフレームを打って音量調整をします❶。

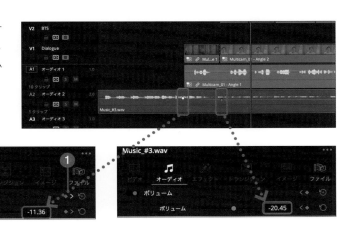

OP／ED／タイトルを作ろう

動画のOP（オープニング）映像、ED（エンディング）映像を作成します。また雰囲気を作るために
OPにはタイトルを入れてみましょう。
また、ここでは「Fusionタイトル」によるアニメーションについても少し触れます。

OPとタイトルを作る

映像のOPとして「Recent_Image」のフォルダから、遥野
さんが振り返るRecent_Image_00005と、振り返ったあ

とに微笑むRecent_Image_00006のファイルを使いま
す。

Recent_Image_00005

Recent_Image_00006

① ここで利用するクリップはスローモーション素材なので、クリップをタイムラインに配置したら113ページを参考に速度を変更します **①**。ここでは「Recent_Image_00005」の速さを「181%」、「Recent_Image_00006」の速さを「191%」にしています。

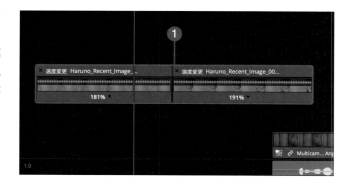

ビデオトラックを追加して、名前を付けます❶。今回は「Title」と付けています。

 今回、タイトルはイチから作らず、あらかじめ動きが付いている「Fusionタイトル」の「Fade On」を使用してみましょう。[エフェクト]をクリックして❶、[タイトル]をクリックし❷、[Fade On]をタイムラインにドラッグします❸。

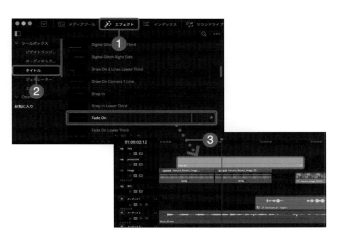

 インスペクタを開き、タイトルを入力します❶。タイトルの位置を右側に移動します❷。クリップの長さも調節しておきましょう。ゆったりと浮かんで消えていくタイトルが完成しました。

EDを作る

1 今回使用しているBGMがカットアウト
する（スパっと曲が終わる）ので、それ
に合わせて画面が黒になるように長さを
調整しつつ、1カットが長く感じるので
途中でカットを分割し①、トリミング
してアップにします②。インスペクタ
の数値は右画像を参考にしてください
③。

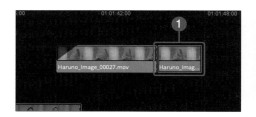

「Fusionタイトル」（あらかじめアニメーション
タイトルになっている素材）には、種類がたく
さんあります。項目をマウスオーバーしてスク
ラブ再生することで、アニメーションのデモが
確認できます。好きなアニメーションタイトル
があれば、こちらを使うのもよいでしょう。
DaVinci Resolveではよく使うエフェクトやト
ランジション、タイトルなどを「お気に入り」
に入れておくことで、即座に利用することがで
きます。

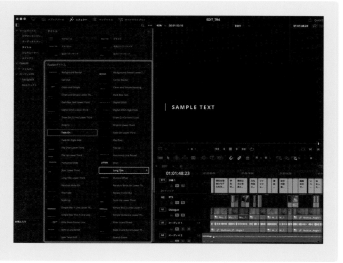

Section 46

自動文字起こし機能で字幕テロップを入れよう

第4章では自分で文字を入力する字幕テロップの入れ方を解説しましたが、
ここでは「自動文字起こし機能」を利用した字幕テロップの入れ方を解説します。

自動文字起こし機能を使う

① あらかじめタイムラインの複数表示を解除し、「EDIT」のタイムラインが上のトラックまで見えるように、広さを調整します❶。

② ［タイムライン］をクリックして❶、[Create Subtitles from Audio]をクリックします❷。

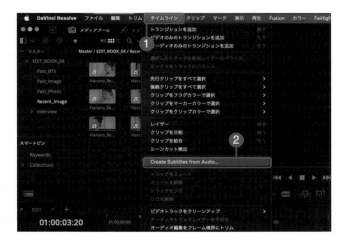

💡 自動文字起こしした字幕は、フォントやサイズ、装飾などをあとから変更することができます。

③ 「Maximum」（1行あたりの文字の数）を「30」に、「Lines」（1行か2行か）を「Single」に設定し**❶**、[Create] をクリックします**❷**。自動で文字の分析が始まります。

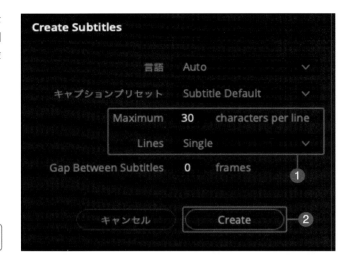

💡 「言語」は「Auto」のままで大丈夫です。

④ ビデオトラックとは別の「字幕トラック」が生成され**❶**、自動で文字起こしされた字幕テロップが作成されます。

⑤ 多少の誤字はありますが、かなりの精度で文字起こしをしてくれます**❶**。一通り字幕の内容を確認して、キャプション（文字起こしされた文字）に誤りがあれば修正し、必要あれば表記をアレンジをします。

⑥ 字幕トラックは一括でフォントやサイズなどの設定ができ、個別で文字の修正（改行など）ができます。インスペクタ内**❶**で「キャプション」**❷**「トラック」**❸**の設定で調整するものを切り替えます。**❹**でキャプションの変更ができます。また、ビデオ編集と同様、字幕トラックのクリップのトリム、削除ができます。

💡 なお、字幕トラックの「字幕」にはフェードハンドルが付いておらず、ディゾルブをかけることなどもできません。あくまで「字幕を表示する」ためだけのものと認識ください。「演出として」の字幕テロップを作る可能性があるときは、手間がかかりますが「テキスト＋」（164ページ参照）を利用しましょう。字幕は自動で書き起こしてもらい、そこから「テキスト＋」にコピーしていく、という方法もあります。

5

エディットページ（上級編）

字幕トラック全体の
文字スタイルの設定

一括でフォントの設定・変更が可能

　一通り字幕の内容を確認して、キャプションに修正があれば修正し、必要があれば表記をアレンジします。

 **字幕データの書き出し**

字幕トラックは字幕データをファイルとして書き出すことが可能です。字幕トラックを右クリックして、［字幕の書き出し］
をクリックします。書き出し場所とファイル形式を選択して、［書き出し］をクリックするとファイルが書き出されます。
あまりなじみがないですが、.srtというファイルで書き出されて、テキストエディットなどで開くことができます。インタ
ビュー内容を精査する際に便利です。覚えておくとよいでしょう。

FairlightページでEQをかけよう

第4章ではエディットページ内で音声処理をしましたが、EQ（イコライザー）をかける場合は、
Fairlightページのほうが詳細に設定ができ、便利なのでその方法をご紹介します。

FairlightページでEQをかける

EQはエディットページで処理を行うと、「クリップ単位」でしかかけることができないことと、細かい処理があまりできないのが難点でした。音声処理をするFairlightページでは、EQやエフェクトなどをかける際に、「オーディオトラックごと」に効果を適用することができます。

再生しながら効果のオン／オフもできるので、処理結果の確認がしやすいという利点もあります。なお、本来は「カラー」の編集（第6章参照）のあと、すべての画が完成（ピクチャーロック）してから音声の編集や処理を行いますが、ここでは先に音声処理を行います。

■Fairlightページの画面構成

Fairlightページはオーディオ編集に特化されており、映像は編集できません。左側は「オーディオタイムライン」の表示領域が広く取られ、右側には詳細な情報が確認できる「ミキサー」が表示されています。また、右上の「ビューア」には映像のプレビューが表示され、右下にある回をクリックすることで拡大表示もできます。左上には「オーディオメーター」が、ビューアとの間には「ラ

ウドネス（音量レベル）メーター」が表示されています。このメーターでは細かい音声の編集（切り貼り）や、トラックごとにエフェクト・EQ・コンプレッサー（音圧調整）をかける処理を行うことができます。これらの処理を行う際には、音声や演者を種類ごとに分けておくと作業がしやすくなります。

オーディオメーター　　ラウドネスメーター

ビューア

編集
ツール

オーディオタイムライン

ミキサー

Fairlight ページ

① オーディオミキサーのA1の「EQ」の波形
アイコンをダブルクリックすると❶、
別ウィンドウでEQが立ち上がります。
エディットページのEQと似ていますが、
さらに細かい調整ができるようになって
います。

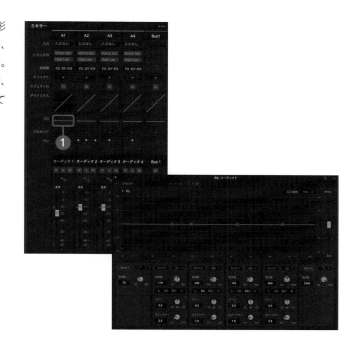

② 125hzあたりまでの低周波をカットし
❶、1Khzを中心に帯域を調整しつつ
❷、高周波を上げて「ヌケ」をよくしま
す❸。右図のような形になるようにEQ
を調整してみましょう。クリックで再生
しながら「EQ」でオン／オフが可能です
❹。

> 🔅 グレーアウトしている「Band1」をクリッ
> クすれば、オンになります。オンにすることで、
> 低周波帯にもEQがかかります。

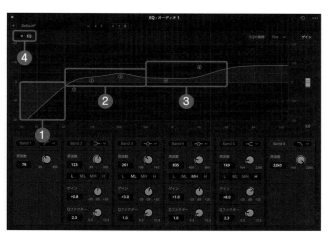

③ EQをかけると、「A1」のミキサーのEQの
波形アイコンが変化します❶。聴き比
べてみると、遥野さんの声の聞こえ方が
「スッキリした」印象を受けると思いま
す。

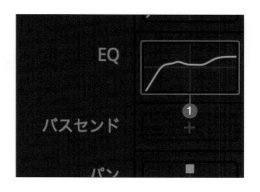

Section

48

ラウドネスを調整しよう

「ラウドネス」は音声の音量の基準値を示す規格です。昔はテレビ番組ごとに音量が違ったりして
いました。それを揃えるための基準として設けられたのがラウドネスです。
DaVinci Resolve上でもこの「ラウドネス」を調整することができます。

ラウドネスを調整する

ラウドネスは1つのコンテンツ全体で一定の数値である
必要はなく、全体の音量バランス、平均音量の基準とな
る数値です。基準値は地域や媒体によって異なり、テレ
ビではアメリカと日本が「24LUFS」(Loudness Unit Full
Scaleの略で「ラフス」と呼びます)、ヨーロッパで
「-23LUFS」としています。

なお、YouTubeでは「-14LUFS」としており、これを超
える音声は自動的に「-14LUFS」まで下げられます。
DaVinci Resolveでのラウドネスの基準値は「-23LUFS」
なので、ここでは、ラウドネスの基準値をYouTubeのラ
ウドネスに変更しましょう。

 右下の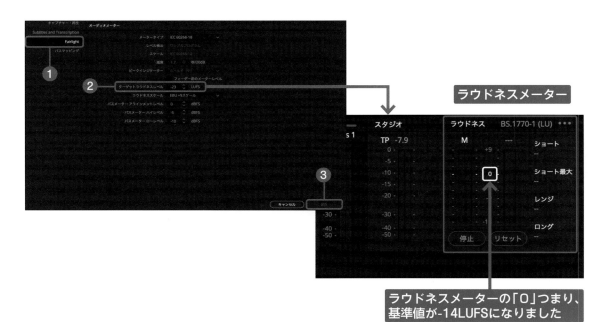（プロジェクト設定）をクリックして、「Fairlight」をクリックして選択します❶。［ターゲットラウドネ
スレベル］という項目を選択して「-14LUFS」に設定します❷。この設定値が［ターゲットラウドネスレベル］を
クリックすると表示される、ラウドネスメーターの「0」の値となります。最後に［保存］をクリックします❸。

ラウドネスメーターの「0」つまり、
基準値が-14LUFSになりました

ラウドネスメーターは基準値から「どれくらい外れているか」を表示しています。つまり音声を再生した際に、ラウドネスメーターのバーが「0」（設定した数値）に近いほどよい音量であり、遠いと音量が大きすぎるまたは小さすぎる、ということになります。FairlightのラウドネスのUIには2本のメーターがあります。左側の「M」は再生ヘッドの位置の瞬間的なラウドネスを示し、右側は再生範囲での合計ラウドネス値を示します。基本は右側のメーターを見てバランスを取ります。一見難しそうですが「ロング」の値を見て大きければ全体の音量を減らし、少なければ音量を上げる、ということです。

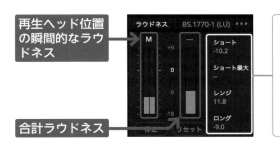

再生ヘッド位置の瞬間的なラウドネス

合計ラウドネス

4つの計測値の意味

・ショート　　　：過去30秒の平均ラウドネスレベル
・ショート最大：過去30秒の最大ラウドネスレベル
・レンジ　　　　：大きい音と小さい音の音量の幅（レベル差）
・ロング　　　　：基準値との差異

ラウドネスを計測する

 再生ヘッドを先頭に移動し❶、「停止」が表示されていることを確認します❷。ラウドネスメーター右上の•••をクリックして❸、「再生／停止とリンクして測定」をクリックし、ラウドネスを計測します❹。

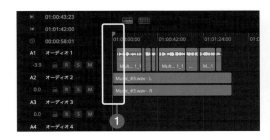

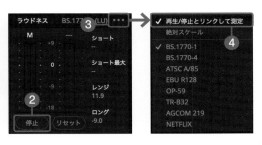

2 ▶をクリックし、再生を開始します❶。

③ 最後まで再生されたら、計測結果を確認します①。

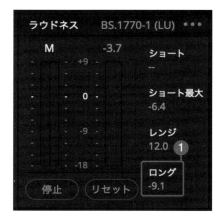

④ 手順③の画面で、「ロング」の値を見ると「-9.1」と、基準値よりだいぶ小さいという計測結果になりました。現在のインタビュー音声のスライダーを少し上げ、ミキサーのBus1（全体音量）のスライダーを上方向にスライドして調整します①。

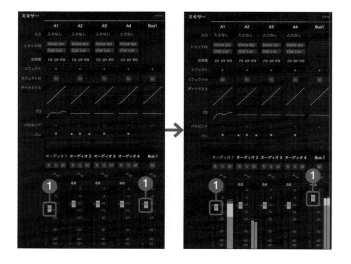

⑤ 手順①〜④を繰り返して再生して再度計測すると、「-0.8」〜「1.0」の間でまとまりました①。これでラウドネスの調整ができました。

Chapter
6

カラーページ

この章ではカラーページについて学んでいきます。カラーページでは、動画の色について調整をすることができます。また、この章の後半ではさまざまなシーン別のカラー補正について紹介をしているので、参考にしてみてください。

カラーページを知ろう

① カラーページの基本を学ぶ

カラーページでは動画のカラー補正を行うことができます。ほかにもさまざまなことを行うことができますが、本書だけではすべてを紹介することができません。今回は、カラーの基本を学んでいきましょう。

📖 カラーページの基本

② ノードエディターで組み合わせる

カラーページでいちばん重要な機能がノードエディターです。ノードはイラストアプリのレイヤーのようなもので、これをつないで明るさや彩度などを組み合わせていきます。

📖 ノードエディター

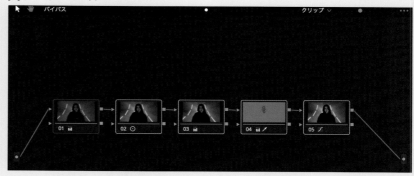

③プライマリーグレーディングでカラーを調整する

プライマリーグレーディングとは、撮影した映像を
実際の自然な色味に整えることをいいます。実際に
肉眼で見たかのような色味にするため、明るさやカ
ラー補正をしていきましょう。

プライマリーグレーディング

④LUTの適用

DaVinci ResolveにはLUT（ルックアップテーブル）
という機能があります。LUTとは、映像の色味を数
式によって変換するカラープリセットのことです。
LUTを適用するとかんたんにプライマリーグレー
ディングを行うことができます。

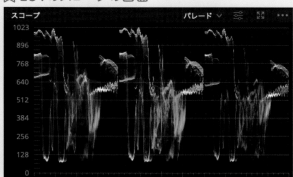
LUTのスコープの画面

⑤シーン別のカラー補正

この章の後半では、シーン別のカラー補正方法を紹
介しています。ぜひ自分自身の動画のカラー補正の
参考にしてください。

シーン別カラー補正

カラー作業をする前に

今回は第5章で作成する映像のカラー補正とルック作りのアプローチを通じて、
カラーページの概要とできることを紹介します。

カラー作業の基本

皆さんは「カラーグレーディング」という言葉を聞いたことがあるでしょうか？　映画やコマーシャルなど、世に出ている映像の大半はカラーグレーディングという作業を行い、その映像が持つ、表現したい世界観を色（ルック）で演出しています。もともとDaVinci Resolveはポストプロダクションでのカラーグレーディングのシステムであり、カラーに特化したソフトウェアでした。そのこともあり「カラー」がDaVinci Resolveの本領ともいえる機能なのです。

■ビデオガンマとログガンマ

第5章で触れていた素材で、キャンプ場でのミュージックビデオのカットがBTS・イメージともにありましたが、「同一シチュエーション」なのにBTSの素材はコントラストが付いていて、発色が強いのに、本編イメージ素材の方はコントラストが弱く、発色が少ないクリップがあります。これは撮影時のガンマカーブが違うからです。

ソニー　S-Cinetoneで撮影された素材(ビデオガンマ)　　ソニー　S-Log3で撮影された素材(ログガンマ)

BTSの素材は、そのまま画面で見たときにきれいな感じになるようにコントラストが付けられ、発色させた「S-Cinetone」というビデオガンマで撮られた素材です。ニュースやメイキング映像など「速報性」があるもの、あまり後処理を必要としないときには、ビデオガンマは手早くてよいものです。
一方、イメージ用の素材はコントラストが弱く、色もはっきりしません。「後処理前提」のログガンマで撮影された素材です。ログガンマで撮影すると、カメラのセンサーが持つダイナミックレンジ（暗部から明部までの明るさの階調情報）を広く収録しておいて、あとで使う幅を選ぶ（コントラストを付ける）ことができます。要するに作品に対して編集やカラー作業の処理の幅を広くするために、撮影時に最大限情報を記録しておこう、というものです。

■ガンマカーブとは

「ガンマカーブ」はカメラやモニターに入力される信号と、出力される信号の大きさの関係をグラフで示したものです。どんなカメラのイメージセンサーも明るさに対して、リニアな特性を持っています（黒から白まで均等に階調が割り当てられています）。ただ、人間の目はリニアな光の情報をすべて見ることができません。また、「中間の明るさ」についても、リニアの光の強さの最大が1だとすると、およそ0.2の光を中間の輝度と感じます（18%グレーの由来）。

☐ カメラのイメージセンサーのガンマカーブ

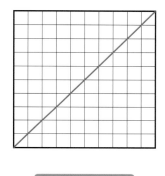

☐ 人間が感じるガンマカーブ

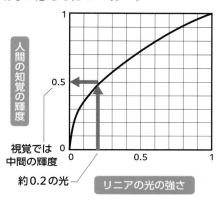

少し語弊がありますがかんたんに言うと、人間にはリニアな光が「明るすぎて見えない」ため、「中間の明るさ」をカメラに収録するにはリニアな光を「暗くして（中間をカーブで曲げて）」収録します。ただ「暗くして収録したもの」をそのまま出すと暗い画になってしまうので、モニターに出力する際には収録時に曲げた中間のカーブと反対のカーブを描くことで、明るさを相殺→リニアな光を表現している、ということになります（右図参照）。ビデオガンマは日常的に使用するテレビや、パソコンのモニター、液晶タブレット端末などを視聴したときに、人間が見たときの様子に限りなく近い状態で再現してくれているものです。

ただ、既存のガンマカーブでは収録できる光の階調情報が少なく、映画的な表現をする際にフィルムよりも不利でした。

そこで、近年映画もフィルムからデジタル化した際に、デジタルでもフィルムライクな光の諧調表現をできるように開発されたのが「ログガンマカーブ」です（236ページ図参照）。人間が知覚できる範囲に最適化されたガンマカーブで、普通のビデオガンマよりも緩やかなカーブになります。

☐ 入出力のガンマ関係

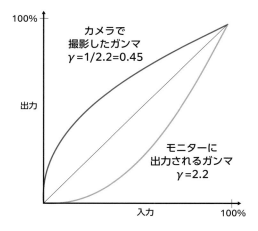

6

カラーページ

235

■ログガンマカーブ

ログガンマカーブは、Cineon（シネオン）という会社が作った
Cineonカーブがもとになっています。どうしてもビデオでは再
現できなかったフィルムのカーブ特性を、デジタルイメージセン
サーで再現するため開発されたガンマカーブです。ソニーの
S-log、キヤノンのC-logなど現在のログガンマカーブは、Cineon
から発展したフィルムのようなカーブで、ビデオガンマよりもダ
イナミックレンジが広く、穏やかなカーブで階調を表現できるも
のになっています。

つまりデジタルイメージセンサーがとらえたリニア（直線）のガン
マカーブを、ログ（人間の知覚に基づいた曲線）のガンマカー
ブに変換することで、人間の知覚しやすい光の階調変化を表現し
ます。そのためログガンマカーブを変換した状態だとコントラス
トが低くなるのは自然なことです。この状態から、視聴環境の中
で、表現したいシーンに見えるように自分でコントラストを付け、
色で演出していきます。きちんとログガンマカーブで撮影ができ
ていれば、カラー作業の余裕ができます。

Cineonカーブ

100%

出力

18%　　　　　　　　　入力　　　　　　　　100%

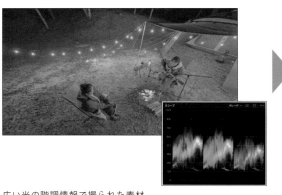

広い光の階調情報で撮られた素材

視聴環境（アウトプット）に合わせて好みのコントラストを付ける

例えるなら、スマホで写真を撮るときに、設定をせずに
撮っておけばあとで「エフェクト」を自由にかけること
はできますが、「エフェクト」をかけて撮るとすぐよい

感じで見られるものの、「エフェクトなし」には戻せな
いということに近いかもしれません。「いじる余裕」が
ほしい場合は、ログガンマカーブでの撮影を選択します。

📝 **この章で使う素材とデータファイル**

筆者のタイムラインを再現して学びたい方は、「EDIT_Before_Color.drt」というタイムラインデータを読み込むことで、本
書と同じ内容のカラー作業が可能になります。[ファイル]→[読み込み]→[タイムライン]の順にクリックし、「EDIT_
Before_Color.drt」を選択して、[開く]をクリックすると、タイムラインが読み込まれます。

カラーグレーディングの作業の基礎知識

カラーグレーディングという作業は、イメージに対して調整幅を持たせるために、広いカラースペース（色の情報のこと）かつ広い階調情報で撮影された素材を任意の視聴環境の中で撮影時の状態に戻し（ノーマライズ）、必要であればカラー補正（カラーコレクション）を施し

て、その上で物語に準じた「描きたいルック」を作っていくという作業です。視聴環境は放送、映画、Webなどでそれぞれ「色域（色の表示・再現できる範囲）」が違うので、視聴環境に合わせてカラー調整作業が必要になります。ただ、本書では難しく考えなくても大丈夫です。

🔖 カラーグレーディング

広い色域（カラースペース）と広い階調情報＆ダイナミックレンジで撮影された素材

Log

任意の視聴環境（色）の中でノーマライズ

Normal

物語に準じた「描きたいルック」にカラーコレクションを施す

Graded

カラーグレーディング作業では、全体的なカラー調整を行う「プライマリーグレーディング」と、一部の色（カラーマスク）や図形（シェイプマスク）を使って部分的なカラー調整を行う「セカンダリグレーディング」を行います。ただ、カラーグレーディングには答えはなく、「あ

なたが作りたい世界を色で表現する」ことが正解なので、やりたいことがなくなったらカラーグレーディングはそこで終了です。カラーを調整して、動画の見せたいものを立体的に、そしてきれいに見せることを大事にしていきましょう。

Log

S-Log3/S-Gamut3.cine

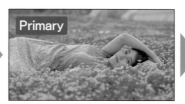
Primary

コントラスト・彩度・色温度調整
（プライマリーグレーディング）

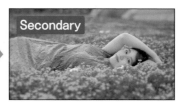
Secondary

カラーマスク、シェイプマスクで変更を加える（セカンダリグレーディング）

カラーページのUIを知ろう

カラーページは多機能なため、すべてを紹介しきれません。本書では要点を絞って説明していきます。
一度に覚えきれなくても大丈夫です。

カラーページの画面構成

①スチルギャラリー	カラーグレーディングの参考として使用するスチルフレームや、コピーする可能性のあるグレーディングデータを保存できます。
②ビューア	動画の確認を行う画面です。
③ノードエディター	任意の数のノードを作成できるさまざまなノードを組み合わせて色を分離したり、キーを合成したりして異なるコレクションを実現できます。
④クリップサムネイル	編集クリップ単位でサムネイル表示されます。右クリックすると、調整項目が増えます。
⑤タイムライン	現在の編集タイムラインが表示されます。
⑥レフトパレット	カラーマルチパレットやプライマリー・カラーホイールが配置されおり、RGBでの色の調整や、ブラック・ホワイトの領域を調整することができます。
⑦センターパレット	色味をグラフで確認することができ、カーブやトラッキングなど調整をすることができます。
⑧キーフレームエディター	キーフレームや情報などを確認することができます。

■プライマリー・カラーホイール

基本のツールとなる、プライマリー・カラーホイールには、4つのカラーホイールと、その下にジョグダイヤル状の4つのマスターホイールがあります。「リフト」（暗部を中心）、「ガンマ」（中間の明るさを中心）、「ゲイン」（明部を中心）の3つのトーンレンジ別に明るさや色の調整ができます。「オフセット」は現在のコントラストを保ったまま、全体的に明るさや色を変化させます。

自動バランス
オートで調整

自動ホワイト
ピックした場所でホワイト調整

モード切り替え
左から
・カラーホイール
・カラーバー
・Logホイール

オールリセット
カラーホイールとレフトパレット内の調整項目をすべてリセット

個別リセット
各カラーホイールとマスターホイールの変更を同時にリセットする

ブラック／ホワイトポイントピッカー
クリップの中のもっとも暗い場所をブラックポイントピッカー、もっとも明るい場所をホワイトピッカーでピックすることで、自動で最大幅のコントラストに調整することができる

マスターホイール
左方向にドラッグすると該当するトーンが暗くなり、右方向にドラッグすると明るくなる。調整を行うと下のYRGBパラメータが動き、数値が変わる

各カラーホイールでコントロールできるカラー領域
・リフト（最左）：ブラックの領域（ブラックを最大に中間グレーを通ってホワイトへ向かう）
・ガンマ（左）　：中間グレーの領域（中間グレーを最大にブラック／ホワイトに向かって減少）
・ゲイン（右）　：ホワイト部分の領域（ホワイトを最大に中間グレーを通ってブラックに向かう）
・オフセット（最右）：リフト・ガンマ・ゲインを維持したままYRGBを同時に上下することができる

カラーホイール
カラーチャンネルのバランスを調整する

カラーホイールは中央のボタンをマウスで動かすことで、色相方向の色へと変化する。さらにキーボード操作を加えることで、操作性が変わる

・ドラッグ
　ポインタの動きに合わせてバランス調整
・[Shift]キー＋ドラッグ
　ポインタの位置にジャンプ
・ダブルクリック
　カラー調整のみリセットする
・[⌘]キー＋ドラッグ（Windowsの場合は[Alt]キー＋ドラッグ）
　コントラスト調整（マスターホイールと同じ機能）

■カラーバー

カラーバーで調整を行うには、プライマリーパレットの右上、リセットボタンの左側にある3つ並んだアイコンの ▥ をクリックします。パレットがカラーバーの表示に変わり、カラーホイールと同じ「リフト」「ガンマ」「ゲ

イン」「オフセット」のトーンレンジをマスターホイールで調整ができます。基本的な動きと効果はカラーホイールでの操作と変わりません。使いやすいほうを選んで使うとよいでしょう。

YRGBカラーバー
マスターホイール

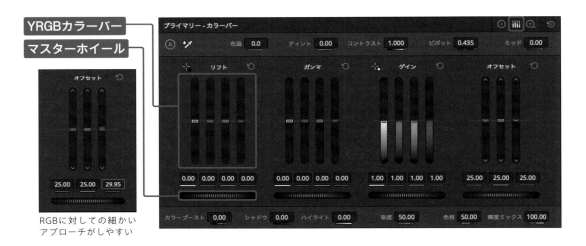

RGBに対しての細かい
アプローチがしやすい

カラーホイールとの大きな違いは、ダイレクトに色を調整・操作できるホイール（色相環）に対して、YRGBが独立したバーになっていて、それぞれを個別に調整ができることです。直観的に色を調整できるカラーホイールに

対して、RGBに対して細かくアプローチができるカラーバーは、たとえば「青だけを上げたい」などの作業に対して有利です。

■Logホイール

Logホイールはプライマリパレットの右上の ◉ をクリックするか、ショートカットでカラーホイールモードと切り替えることで使用できます。基本的な操作はカラーホイールと同じです。
カラーホイールとLogホイールの大きな違いは「扱える

トーンレンジが違う」ことです。Logホイールに切り替えると、それまで「リフト」「ガンマ」「ゲイン」と表示されていたホイールが、「シャドウ」「ミッドトーン」「ハイライト」に変化します。「オフセット」のホイールは共通です。

Option ＋ Z キー（Windowsの場合は Alt ＋ Z キー）でプライマリホイールとLogホイールの切り替えができる

ノードエディター

カラーページでいちばん重要なのが「ノードエディター」です。ノードはほかのアプリでいう「レイヤー」のようなもので、調整をかける「コレクター」を左から右へと繋げて効果を作るものです。

ノードエディターの画面構成

たとえば元素材に対して最初のコレクターで「明るさ」をノードでつないで、その明るさ調整をしたデータをもとに「彩度」を繋げていきます。ノードエディターの左下にある■から調整した効果が順番に加わり、右下の■に接続されて、ビューアへと表示される最終イメージに反映されます。途中の各ノードの調整項目が同じでも、組み合わせの順番で効果が変わります。1つ前が現在のノードの入力となるため、何がどこに影響しているのかが視覚的に認識できるのが強みです。

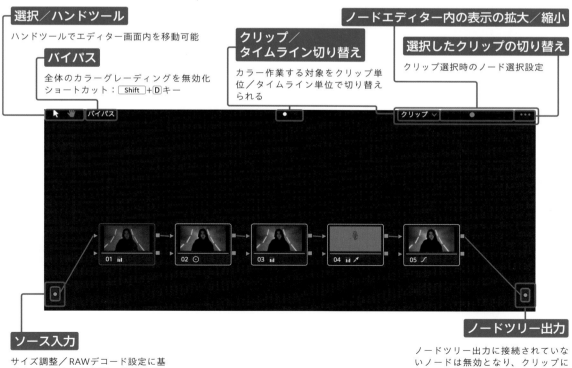

選択／ハンドツール
ハンドツールでエディター画面内を移動可能

バイパス
全体のカラーグレーディングを無効化
ショートカット： Shift + D キー

**クリップ／
タイムライン切り替え**
カラー作業する対象をクリップ単位／タイムライン単位で切り替えられる

ノードエディター内の表示の拡大／縮小

選択したクリップの切り替え
クリップ選択時のノード選択設定

ソース入力
サイズ調整／RAWデコード設定に基づいて処理された状態のグレーディングされていないクリップイメージを読み込む

ノードツリー出力
ノードツリー出力に接続されていないノードは無効となり、クリップに影響を与えないノードツリー出力に接続できるのは1つのRGB出力のみとなる

ノードラベル

ノードにはノードラベルという名前を付ける機能があります。1つの作業ごとにノードを作り、名前を付けていくことで作業がしやすくなります。少し面倒かもしれませんが、名前を付けることで、後日作業を振り返ったときにどのノードで何を行ったか視覚的に把握できます。筆者は「1手1ノード」で作業していくことを強くおすすめします。

ノードラベル

名称を任意で追記できる（右クリックから）
一度付けた名称はダブルクリックで変更可能

「ノードを選択して ⌘ キー（Windowsの場合は Ctrl キー）を押しながらドラッグ＆ドロップ」でノードの順番は入れ替え可能

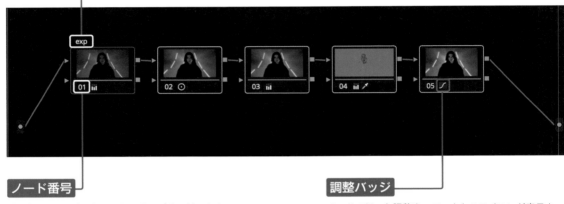

ノード番号

番号をクリックするとノードのオン／オフができる
ショートカット： ⌘ ＋ D キー（Windowsの場合は Ctrl ＋ D キー）

調整バッジ

ノードで行った調整やエフェクトのアイコンが表示される。マウスオーバーすると詳細がオーバーレイ表示される

RGB入力／出力

ノードの左上の緑の三角が入力、ノードの右上の四角が出力。接続されたRGBイメージは次のノードに出力される

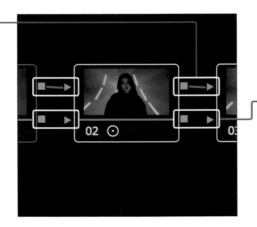

キーの入力／出力

左下の青い三角がキー情報の入力
右下の青い四角がキー情報の出力
クオリファイア、ウインドウコントロールで作成したキーチャンネル（マスク）の入力と出力される

ノードはRGBの入出力のほかにキー情報の入出力が可能。また、ノードの接続は自分で切ったり、繋げたりできる

ノードの種類

ノードには種類があります。左から右へと連続的につながっていく「シリアルノード」を基本として、カラーコレクションを均等に混ぜ合わせる「パラレルノード」、カラーコレクションでイメージを切り抜く「レイヤーノード」の3つが、カラーグレーディングでよく使われるノードになります。ほかにもいくつかありますが、本書では主にシリアルノードを使います。シリアルノードはカラーコレクションをフィルターのように上に重ねていくイメージです。左から右へとその効果が順番にかかっていきます。選択しているノードを基準にショートカット option + S キー（Windowsの場合は Alt + S キー）で、選択しているノードの後ろに、ショートカット Shift + S キーで選択しているノードの前に、シリアルノードを追加できます。

シリアルノード

 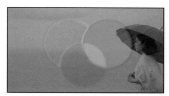 

カラーコレクションをフィルターのように上に重ねていく

パラレルノード

 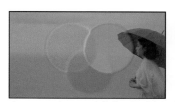 

カラーコレクションを均等に混ぜ合わせる

レイヤーノード

 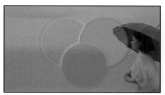 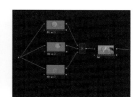

カラーコレクションでイメージを切り抜く（ウィンドウもしくはキーが必要）　下が優先

各ノードを追加するショートカットキー

シリアルノード	option + s キー（Windowsの場合は Alt + S キー）（後ろに追加） shift + s キー（前に追加）
パラレルノード	option + p キー（Windowsの場合は Alt + P キー）※ミキサーを右クリックでレイヤーに変換可
レイヤーノード	option + L キー（Windowsの場合は Alt + L キー）※ミキサーを右クリックでパラレルに変換、合成モードの変更も可

プライマリーグレーディング

ここからは実際に操作しながらカラーを学んでいきましょう。素材を撮影したときの見た目に近い
状態にノーマライズ（237ページ参照）します。

明るさを調整する

ログガンマで撮られた素材をノーマライズする方法はい
くつかありますが、まずはプライマリパレットを使って
調整しましょう。プライマリグレーディングで大切なこ
とは「明るさのバランス」「コントラスト」「彩度」「ホワイ

トバランス」の4つです。筆者のタイムラインの1つ目と
2つ目のクリップ、振り向く遥野さんの画を使って調整
してみます。

① 再生バー■を左右にドラッグして動かし
て❶、カラー作業しやすいフレームを
選びます。

② ■をクリックして、「スコープ」を表示
します❶。

> 💡 「スコープ」の見方は252ページを参考にし
> てください。

③ ◙をクリックしてプライマリーパレット
を表示し❶、◙をクリックして「プライ
マリー・カラーホイール」を表示します
❷。

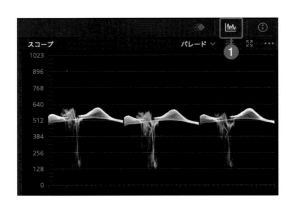

④ 明るさのバランスを付けます。「リフト」のカラーホイールの下の、マスターホイールを左方向にドラッグして❶、暗部を中心に中間部にかけて全体を暗くします。

⑤ プライマリー・カラーホイールの「ゲイン」のマスターホイールを右へドラッグして❶、明部から中間にかけて明るくします。明暗差がついたことで画にメリハリが出て色が見えてきました。

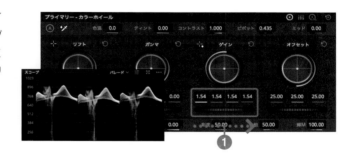

💡 リセットしたいときは、「ゲイン」など名称の右側にある◙(個別リセット)を、全部リセットしたいときは、パレット内右上の◙(オールリセット)をクリックします。

⑥ 最後に「中間部の明るさ」を調整します。ここは好みになりますが、中間を明るめにするか暗めにするか、「ガンマ」のマスターホイールを左右にドラッグして調整します❶。今回は少し暗く、締めました。

💡 ノードエディターのノードの数字の部分をクリックすることでノードのオン/オフができます。今回は、ノードを右クリックして「ノードラベル」から「Exp(露出)」と名付けました。

コントラストを調整する

1 コントラストを調整する前にシリアルノードを追加しましょう。現在のノードをクリックして選択した状態で、`option`（Windowsの場合は`Alt`）+`S`キーを押すと追加されます❶。そのあとに右クリックをし、［ノードラベル］をクリックして❷、別名を付けましょう。ここでは「Contrast」と付けています。

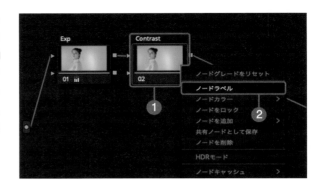

2 コントラストの調整は、プライマリーパレットの「コントラスト」で設定します。数値にマウスオーバーしてドラッグすることで、コントラストの調整が可能です❶。今回は右方向にドラッグしています。

3 続いて中間部の明るさのバランス調整をします。ここでは「ピボット」という項目を使います。数値にマウスオーバーし、右方向にドラッグして調整します❶。

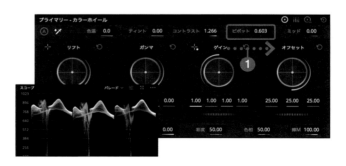

💡 「ピボット」は「コントラスト」を動かしていないと反応しません（セットで使うもの、と認識してください）。

④ 今回はカラーブーストで少し彩度を上げてみましょう。「ブースト」の項目を右方向にドラッグします❶。ここもシリアルノードを追加して、作業を分けます。ノードラベルは彩度調整を示す「Sat」（サチュレーション）にします。

💡「彩度」（色の鮮やかさ）を調整します。彩度を司る項目は、プライマリーパレット内の「彩度」の項目と「カラーブースト」です。「彩度」は現在の彩度バランスのままオフセット（上げ下げ）します。「カラーブースト」はPhotoshopでいう「自然な彩度」の調整に近く、低彩度の領域から彩度を上げていき、いちばん高い彩度に追いついたらそこからは均一に上がっていく、という動きをします。

⑤ ここでは「色温」と「ティント」を左方向にドラッグしてマイナスにしています❶。もちろんこのままでよければそのままでも構いません。完了したら、シリアルノードを追加してノードラベルを「WB（White Balance）」と名前を付けておきます。

💡 コントラストが付いて彩度を上げると色の偏り、というホワイトバランスの傾向が見えてきます。きれいな感じですが、少し黄色とマゼンダに寄った色味になっています。「色温」（オレンジと青の領域）と「ティント」（緑とマゼンダの領域）を調整することで、ホワイトバランスの修正が可能です。

⑥ 最後の微調整をする前に◎をクリックして、Logホイールに切り替えます❶。

⑦ 「シャドウ」の部分を少し持ち上げてみます。シリアルノードを追加して、「Log」と名付けましょう**❶**。マスターホイールを右方向にドラッグして、シャドウの明るさを上げます**❷**。髪の毛の部分が少し明るくなります。

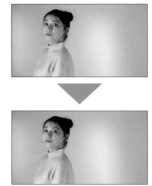

⑧ 少し暗部にシアンを、明部にオレンジを入れてみます。カラーホイールの真ん中の■を任意の色の方向に動かすことで、その領域に色が入ります**❶**。ほんのわずかでも大きく変化します。これでプライマリーグレーディングが完了しました。

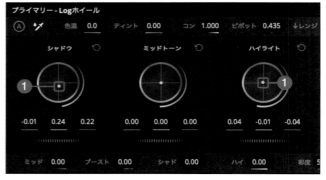

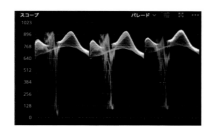

カラーホイールとLogホイールの違い

通常のカラーホイールとLogホイールの違いを説明します。プライマリー・カラーホイールの動作は、図のように「リフト」は暗部から明部に向かって動作し、「ガンマ」は中間部を中心に明部と暗部にも影響を与え、「ゲイン」は明部から暗部に向かって動作します。つまり、一部に変化を与えるのではなく、変化の起点を選ぶイメージになります。色の変更を加える際も、この領域の範囲で変化します。

◻ トーンレンジ（輝度範囲）における「リフト」「ガンマ」「ゲイン」の影響範囲

カラーホイールとLogホイールのいちばん大きな違いは「扱えるトーンレンジの範囲が違う」ことです。Logホイールに切り替えると、それまで「リフト」「ガンマ」「ゲイン」と表示されていたホイールが、「シャドウ」「ミッドトーン」「ハイライト」と変化します。「オフセット」のホイールは共通です。
Logホイールは調整される範囲がデフォルトで1/3ずつの領域になっていて、「シャドウ」や暗部だけ「ミッドトーン」は中間だけ、「ハイライト」は明部だけに影響を与えます。その境界線は「ローレンジ」「ハイレンジ」と呼ばれ、任意で範囲を調整できます。

> ・「シャドウ」はもっとも暗いシャドウ領域に影響し、イメージトーンの下から約1/3でその影響がなくなる
> ・「ミッドトーン」は3分割した中間のグレー部分にのみ影響
> ・「ハイライト」は上から約1/3のもっとも明るい部分にのみ影響

カラーホイールで調整をしたあと、任意の領域だけに変更をかけたいときにLogホイールを使うとよいでしょう。カラーホイールのときと同じく、色の変更を加えるときの影響範囲もこの領域で変化します。

カラーコレクションを
コピー＆ペーストしよう

プライマリーグレーディングが完了しました。Sec.51のカットと次のカットは、同じ状況で撮られた同シチュエーションのクリップです。Sec.51で作ったカラーの情報をコピー＆ペーストします。

カラーコレクションをコピー＆ペーストする

① 前のページでカラーを調整したクリップをクリックして選択し、Ctrl＋Cキーを押してコピーします**①**。コピー先のクリップにCtrl＋Vキーで貼り付けます**②**。右の「ノードエディター」画面でカラーコレクションがコピーされているのが確認できます**③**。

② 保存した「スチル」は「ギャラリー」の中に保存されます。サムネイルとして保存される静止画は、スチル保存した際の再生ヘッドの位置になります。このスチルデータを右クリックして、[ノードグラフを表示]をクリックすると**①**、含まれているカラーコレクションの内容がわかります**②**。

ワイプモードを切り替え
スチルを再生
グレードを適用
ノードグラフを末尾に追加
ノードグラフを表示
参照ワイプフレームにマッチ
選択を削除
ラベルを変更

読み込み
出力LUT付きで読み込み
書き出し
ディスプレイLUT付きで書き出し

スチルの書き出しにラベルを使用
プロパティ

すべて選択　　　　　　⌘A
ここから最後まで選択

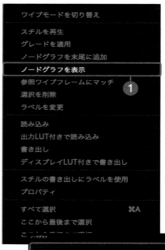

③ 選択しているスチルデータをノードにド
ラッグすると**❶**、カラーコレクション
情報がコピーされます。

④ 2つのカットが同じカラーコレクション
のルックになりました。

⑤ このスチルデータはビューア上で参考イ
メージとして、■■をクリックし**❶**、ワ
イプ（分割）表示を行い、クリップどう
しのマッチングの参考として使用するこ
とも可能です**❷**。ほかのクリップのルッ
クを合わせるときに便利です（スコープ
もワイプ表示されます）**❸**。

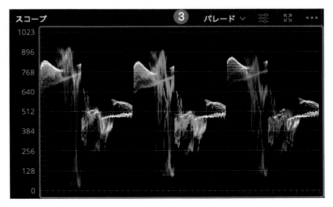

カラーページ

スコープの見方を知ろう

すでに244ページで登場しましたが、ここで「スコープ」の見方を確認します。スコープはただのグラフのように見えますが、実際はさまざまな波形が合わさったものになります。

スコープの見方を確認する

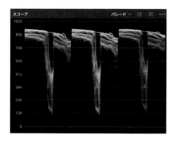

■パレード（RGBスコープ）

ビデオ信号のRGBの各チャンネルの強さを分析する波形です。RGBの各チャンネルを相対的に比較できます。3つのグラフの下部はイメージのブラックポイント、上部はホワイトポイントを表しています。さらに、3つのグラフの上部と下部の高さの差がイメージ全体のコントラスト比を示しており、縦に長い場合はコントラスト比が広く、短い場合はコントラスト比が狭いことを意味しています。また「Y（輝度）」も表示してYRGBのパレードにも変更可能です。

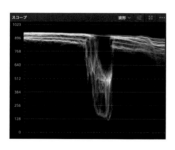

■波形

「波形」はRGBパレードを重ねて表示したものです。RGBのグラフが相対的な高さが示すものは、上記のパレードと同様です。RGBのグラフが一直線に並んで、各色が加算され合う場所は波形モニターで白く見えます。

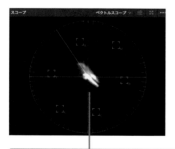

■ベクトルスコープ（ベクター）

イメージの色相および彩度の範囲を測定します。オプションでスキントーンインジケーターと呼ばれるスキントーンは、参照用のグリッドも表示でき、円形は色相の輪を示しています。よく見ると「Y（イエロー）」「M（マゼンダ）」など表示されています。中心のモヤモヤしているものがイメージに含まれる色や彩度の成分で、異なる角度において突出した部分の数によって、イメージの中に含まれる色相の数がわかります、彩度が高い場合は外側に向かって長くなります。

ベクタースコープの斜めに出ている線は「スキントーンインジケーター」。白色有色人種を問わず肌色をこの方向に揃えると違和感がなくなるという基準

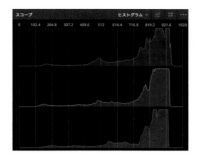

■ヒストグラム

RGBパレードを横にしたイメージです。左が0%のブラック、右が100%ホワイトになっています。RGBグラフの左、中間、右を比較することでイメージの「ハイライト」「ミッドトーン」「シャドウ」のカラーバランスを確認できます。コントラスト比が広いとヒストグラムも広くなり、コントラスト比が狭いとヒストグラムも狭くなります。

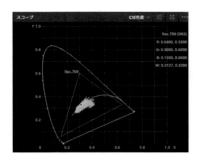

■CIE色度

CIE色度スコープは、プロジェクトのカラーが環境設定で指定した出力設定の、カラースペースの範囲内に収まっているか確認できます。表示されている三角の中を超えた色はクリップされます。

パレードや波形はその「画における色と光の成分の情報」を示す

パレードや波形は再生ヘッドの位置の画のRGB情報を信号として表示しています。画と波形を重ねるとよりわかりやすく、自分が調整したい部分が認識できます。

この画面のパレードと波形を表示した状態

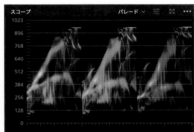

パレード

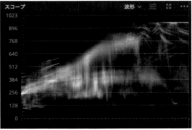

波形

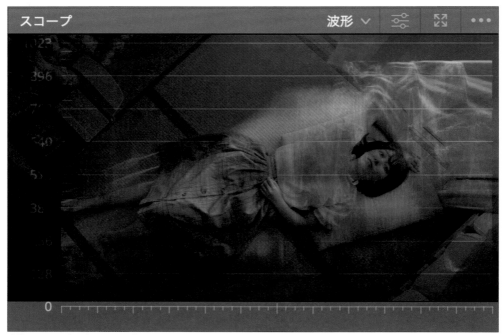

スコープ　　　　　　　　　　　　　　波形 ∨

実際に画面と波形を重ねた状態

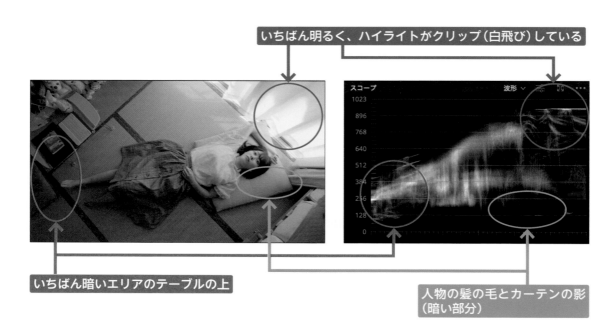

いちばん明るく、ハイライトがクリップ（白飛び）している

いちばん暗いエリアのテーブルの上

人物の髪の毛とカーテンの影
（暗い部分）

スコープでの変化を見ながらカラー作業をしていくことを意識してみてください。全体のコントラストなどを合わせたり、色の偏りを確認したりすることはもちろん、

ほかのカメラ素材とルックを合わせたりするのにもビデオスコープは大切な役割をします。

正しくLUTを使おう

LUT（ルックアップテーブル）は、映像にあてるカラープリセットのことを指します。「画像の色をどのように調整するか」を定義しており、正しいLUTを使うことで、映像のクオリティがアップします。

適切なLUTを適用する

「LUT」とはエフェクトの類ではなく、「Look Up Table」（ルックアップテーブル）の略で、ガンマとカラースペースの変換をする「指示表」です。入力されたガンマとカラースペースを指定されたものに変換します。きちんとそのカメラで定義されたログガンマに対する適正露出で撮影されたログ素材は、「LUT」を使うことで、かんたんにノーマライズすることができます。

では、インタビューの素材をLUTを使ってノーマライズしてみましょう。これはソニーの「FX6」「FX3」というカメラで撮られた「S-Log3」というログガンマ、かつ「S-Gamut3.cine」という色域での素材になります。広い光の階調情報、広い色域で撮られた素材をLUTを使って、「Rec.709/sRGB（テレビやパソコンのモニター）」の中で適正な見え方に変えます。順番が前後しますが、まずはアップの素材から編集します。

① 画面左上に表示されるグレーアウトされている「LUT」をクリックすると、LUTリストが表示されます。各カメラメーカーごとにフォルダに分かれており、それぞれLUTが格納されています。「Film Look」など、一部演出LUTも含まれています。LUTは自分で作成、追加することもできます。今回は「Sony」のフォルダを選択します❶。なお、右上のアイコンで表示を変更することもできます❷。

🔆 リスト表示するとLUTの名称が確認できます。たとえば「SLog3SGamut3.CineToLC-709」というLUTに着目してみましょう。これは「S-Log3/S-Gamut3.cine」で撮られた素材を、「Rec.709（テレビモニターやパソコンのモニター」の色域の中で「LC（ローコントラスト）」でノーマライズします、ということを示しています。実はLUTの名称には、そのLUTがどういう内容かわかるものが多くあります。

(2) LUTのリストをサムネイル表示に戻してマウスオーバーすると❶、そのLUTを当てた結果のプレビューがビューアに表示されます。この結果でよければ、LUTのサムネイルをダブルクリックすることで❷、LUTが適用されます❸。LUTが適用されると、ノードにLUTのパッチが付きます。

(3) それではインタビュー素材の引き画のほうにも同じLUTを適用してみましょう。インタビュー素材の引き画のクリップをノードにドラッグします❶。

同じLUTを適用したのに、先ほどのアップの画よりも暗い仕上がりになっています。実は、引き画のほうは、同じライティングで撮影されていたのにも関わらず、S-Log3が定義する「適正露出」より暗く撮られていたからです。

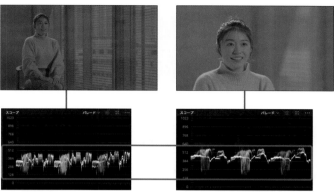

撮影の段階で引き画のほうが暗い　　　　S-Log3の適正露出で撮られている

 カメラの種類や撮影時の環境が違うとLUTは同じ結果にならない

前述の通りLUTは「そのログガンマが定義している適正露出で撮られていること」が前提となります。カメラ自体や撮影時の色温度設定、露出設定が違えば同じ結果にはならない、ということです。販売されているLUTがありますが、カメラの種類と撮影時の色温度設定、ログ撮影時の露出設定（適正なのかオーバー気味なのか）が記載されていないことが多いので、再現性がありません。購入されるときは注意してください。

LUTを当てたあとの明るさを調整する

① 露出不足で撮られたログガンマの素材の明るさを調整します。やり方は難しくなく、ノードを追加して明るさの調整をかけます。ではシリアルノードを追加して明るさを調整しましょう。プライマリーカラーホイールのマスターホイールで各領域を調整します❶。

2 アップのカットのスコープを確認しながら、明るさのバランスが同じになるように調整するとよいでしょう**❶**。

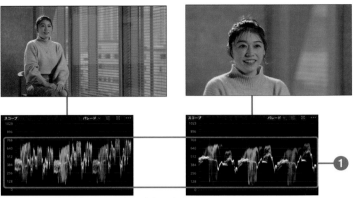

スコープの縦幅が右と同じになるようにする

明るさを合わせてみたところ、コントラストの違和感はなくなりましたが、色が異なって見えます。引き画のほうがマゼンダを感じ、寄り画のほうはグリーンを感じます。このように、同じメーカーのカメラで、同じガンマ、色域で撮影していても、機種が違えば色が異なることがあります。では、この誤差を修正していきましょう。

ベクトルスコープで色の修正

1 LUTを適用して、明るさを合わせた2つのショットの色の誤差を修正します。スコープを「ベクトルスコープ」に変更し**❶**、「表示オプション」から、[2倍拡大で表示]に変更します**❷**。表示が見やすくなります**❸**。

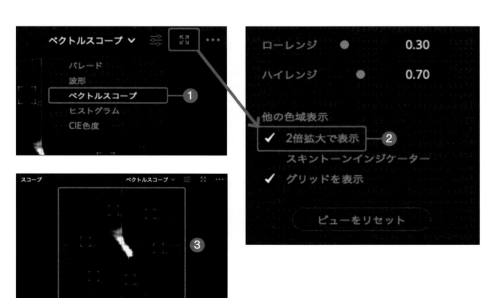

引き画のクリップにシリアルノードを追加して ❶、カラーホイールの「オフセット」で現在の色のバランスのまま動かしてみましょう。シリアルノードを追加したら、忘れないうちにノードラベルを作っておきましょう ❷。

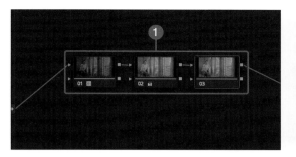

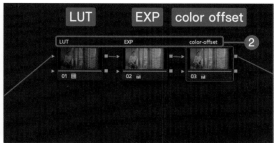

✏️ ベクトルスコープの色相環

「ベクトルスコープ」は、円の内周が「Y（イエロー）」「R（レッド）」「M（マゼンタ）」の色相環と同じになっており、中心のモヤモヤ（色の情報）がどこに偏っているかを確認することで、選択しているイメージの色の傾向がわかります。対象のクリップと比較してみて、色の情報がどこに偏っているかを判断します。

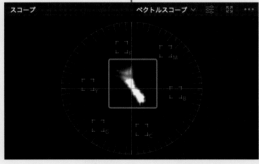

6

カラーページ

「color-offset」のノードで、カラーホイールの「オフセット」を使って色を動かします。わずかに動かしただけでもかなり変化します。マゼンダの反対側に動かし、少しシアンとグリーン側にも動かします❶。

アップのカットと比較すると、マッチできたことが確認できます。

スチルに保存してほかのクリップに適用する

① ビューアを右クリックし**①**、[スチルを保存] をクリックすると**②**、「ギャラリー」にカラーコレクション情報が保存されます**③**。

② カラーを適用したいクリップサムネイルをクリックして選択し**①**、スチルを右クリックして**②**、[グレードを適用] をクリックします**③**。

③ 選択したクリップすべてにスチルで保存されたカラーコレクション情報が適用されます**①**。

④ 残りのインタビューのアップのクリップを複数選択して、LUTを一括で適用しますが、261ページ手順②のスチルと同じ操作ができません。そのため、選択した複数のクリップをグループ化します。グループ化したいクリップを[Ctrl]キーを押しながらクリックして複数選択し①、クリップサムネイルを右クリックして②、[新規グループに追加]をクリックします③。

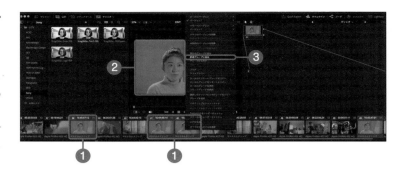

⑤ グループ名を入力して①、[OK]をクリックします②。

⑥ 選択したクリップがグループ化され、サムネイルに🔗のアイコンパッチが表示されます①。

⑦ グループ化したクリップは、カラー作業をするターゲットを「グループプリクリップ」「クリップ」「グループポストクリップ」「タイムライン」と、4つのページの切り替えができるようになり、各ページでノードを自由に作ることができます①。

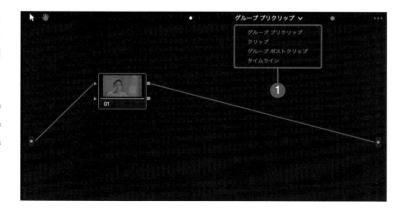

クリップ単位で調整する

同じシーンとして撮られたものをグループ化した場合は、LUTを適用するなどのノーマライズをプレクリップで、エフェクトなど全体に共通した効果はポストクリップで行い、そのグループの中で、露光や色温度が違うクリップがあればクリップ単位で調整します。

今回のような、光の変化のない同一シチュエーションで撮影されたインタビュー動画や、ショートフィルム、ドラマ、ミュージックビデオなど、あらかじめきっちりと撮影設計されて、シーンごとに区分できる作品であれば、カラーグレーディングの効率化が図れます。

カラーコレクションのかかる順番は以下のようになります。

LUTを使うときの注意点

LUTを扱うときに注意するべきは、LUTを適用した際に万が一ホワイトがクリップ（白飛びや黒つぶれ）した場合、次のノードでもクリップしたままになってしまうことです。処理を行う際にデータが欠損することはなく、撮影データがスコープの範囲に収まっているものであれば、どの段階でもデータは返ってきますが、LUTを適用して失われたデータは次のノードでは返りません。LUTは33ポイントの格子点（RGBのカーブの変更点）でできているものが多く、変更を適用した格子点（ポイント）以外の情報は失われ、次のノードへは「ハイライト」がクリップされたものが出力されます。こうした場合は、1つ前のノードで明るさ調整を行います。なお、[Shift] + [S] キーを押すと1つ前にシリアルノードを作ることができます。LUTは最初に適用して、出力結果に問題があれば前段のノードで調整するということを覚えておきましょう。

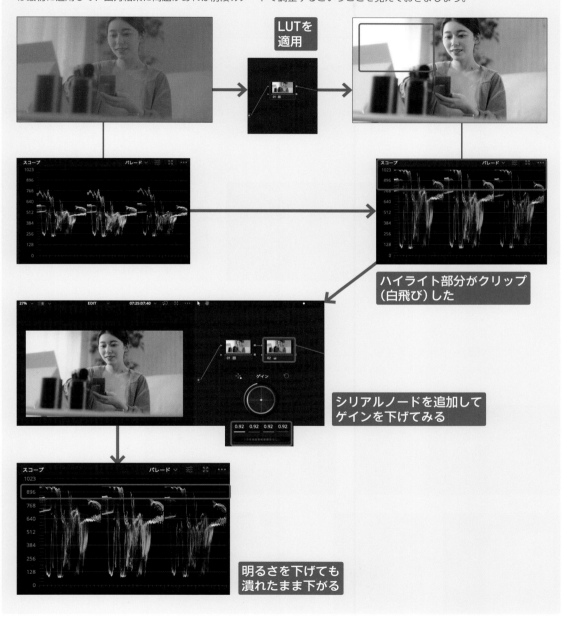

LUTを適用

ハイライト部分がクリップ（白飛び）した

シリアルノードを追加してゲインを下げてみる

明るさを下げても潰れたまま下がる

シーン別にカラーグレーディングしてみよう

同一シチュエーションのものは同じルックになるように、カラー作業をしていきましょう。シーン別にカラー方法を紹介しているので、自分の作りたい動画に合う方法が見つかるはずです。

ビューティーフィルムのメイクシーン

① ここでは、ビューティーフィルムのメイクしているシーンのカラーを作ります。ソニーの「SLog3SGamut3. CinetoCine+ 709」という少し強めのコントラストが乗るLUTを適用しますが❶、ハイライト部分がクリップしてしまうので、前段のノードで明るさを調整します❷。

 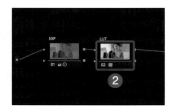 

② 遥野さんが着ている紫のパーカーの色だけを少し彩度高く、若干紫感を強くします。LUTを適用したあとにシリアルノードを作って、「CW」(カラーワーパー)と名付けます❶。カラーページの下段中央のセンターパレットの中にある🔳をクリックします❷。ビューアの左下のOSC(オンスクリーンコントロール)が「クオリファイアー」になっていることを確認して❸、変更をかけたい部分(紫のパーカー)の上にマウスオーバーします❹。

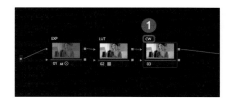 

> 💡 OSCとは画面上に表示される操作パネルで、カットやトランジションの追加、カラーグレーディング、エフェクトの調整など、さまざまな編集作業を効率的に行うことができます。

③ ビューアの上にマウスオーバーすると、マウスオーバーした色相がカラーワーパーに表示され、クリックすると、赤いピンを打つことができます❶。赤いポイントを右方向にドラッグすると❷、紫のパーカーの彩度が上がります❸。パーカーに少し青みが入ります。

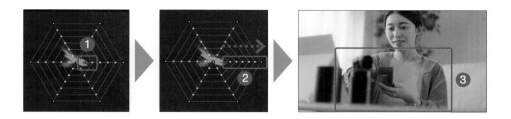

④ 赤いピンを中心から離していくとパーカーの彩度が上がります。ピンを少し青方面に動かすと❶、パーカーの色が青色に変化していきます❷。少し青みが入る程度にします。

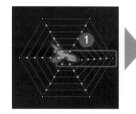

⑤ さらにシリアルノードを追加し、周辺減光を加えて、立体感を出します。ノードラベルは「Vignette（ビネット）」と名付けます❶。ビネットはエフェクトでも適用できますが、せっかくなので手作りでいきたいと思います。カラーワーパーと同じく、センターパレットの「ウィンドウ」（DaVinci Resolveでは「Power Window」と呼ばれています）をクリックし❷、▣をクリックすると❸、ビューア上に円形のシェイプが表示されます❹。

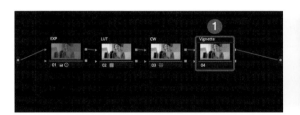

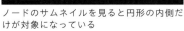

ノードのサムネイルを見ると円形の内側だけが対象になっている

ビューア上でも適用範囲が確認できるように、「ハイライトモード」にします。ハイライトモードはカラーマスク（色で範囲を指定）やシェイプマスク（現在のように図形で範囲を指定）を適用した場合に、その範囲の表示を確認するためのモードです。ビューア左上の をクリックするとハイライトモードのオン／オフが可能です❶。シェイプの選択範囲は「ウィンドウ」パレットの中の ■ をクリックすることで反転が可能です❷。

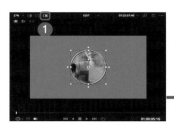

選択範囲が反転される

 「Power Window」はOSC（オンスクリーンコントロール）で、ビューアからダイレクトにサイズや位置調整ができます。 ◉✓ をクリックし❶、[Power Window]をクリックします❷。青いポインタをドラッグすることでサイズの変形、赤いポインタをドラッグするとソフトネスの範囲の拡大・縮小ができます❸。ソフトネスの調整幅は図形によって異なります。

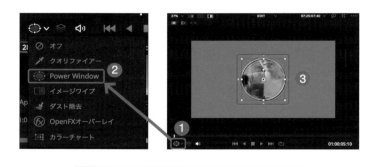

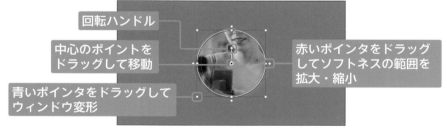

回転ハンドル

中心のポイントを
ドラッグして移動

青いポインタをドラッグして
ウィンドウ変形

赤いポインタをドラッグ
してソフトネスの範囲を
拡大・縮小

 カラーワーパー

カラーワーパーは「色相・彩度モード」と「クロマ・輝度モード」の2つモードがあり、226ページで使用した「色相・彩度モード」は、選んだ色相を別の色相に近づけたり、彩度を調整したりすることができます。ベクトルスコープの方向は色の種類、線の長さは彩度を示しています。カラーワーパー上の任意のピンを動かすことで、色相と彩度の変更が直感的にできます。中心から離せば彩度が上がり、近づければ彩度が下がります。また違う色の方向へ動かせば、その色にシフトしていきます。真ん中の点はニュートラルなポイントなので、イメージ全体を任意の色にオフセットさせることができます。

8 下図のように楕円形を作り、範囲を反転して、ソフトネスを調整します❶。続いて、センターパレットの「ブラー」パレットに移動します❷。「範囲」の項目のバーを上へドラッグすると、ブラー（ぼかし）がかかります❸。さらに、カラーホイールのガンマのマスターホイールで明るさを下げます❹。順序はどちらが先でも構いませんが、「周辺」を「減光」し、周辺をボカすことで自然と被写体に視線を誘導できます。

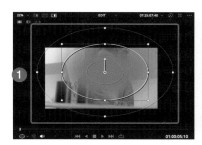

💡 ハイライトモードを解除して、ノードのオン／オフをして変化を確認すると、画が見やすくなったことがわかります。

ビネットあり

ビネットなし

9 ルックが完成したら［スチルを保存］をクリックし❶、同一シチュエーションのほかのクリップを右クリックして、［グレードを適用］をクリックして適用します❷。今回は周辺減光に使いましたが、一部の明るさを上げる、下げるなどにも使えるので「Power Window」は便利な機能です。

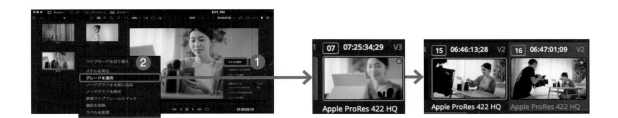

ファッションフィルムのシーン

ファッションフィルムのクリップでは、「明るさの調整とコントラスト調整」を「カスタムカーブ」を使って一挙に調整します。

カスタムカーブは、YRGBのカーブをダイレクトに（または個別に）調整できるツールです。カーブの背景にオーバーレイされているヒストグラムは、現在選択されているノードでのヒストグラムです。輝度情報を見ながらカーブの調整ができるので便利です（ヒストグラムのオン／オフは可能）。Photoshopなどを触ったことがある方にはなじみが深く、このツールがいちばん使いやすいかもしれません。いろいろな調整に使えるツールなのでよく覚えておくとよいでしょう。

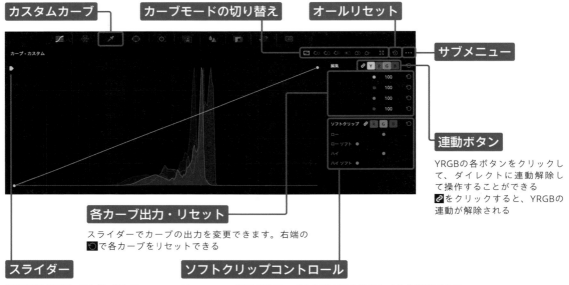

カスタムカーブ

カーブモードの切り替え

オールリセット

サブメニュー

連動ボタン

YRGBの各ボタンをクリックして、ダイレクトに連動解除して操作することができる
🔗をクリックすると、YRGBの連動が解除される

各カーブ出力・リセット

スライダーでカーブの出力を変更できます。右端の🔄で各カーブをリセットできる

スライダー

調整範囲の限定、または、各カラーチャンネルを好きなレベルで反転できる

ソフトクリップコントロール

ロー	：信号がクリップする最小限の信号レベルを調整できる
ローソフト	：値を上げると、シャドウ値が圧縮されてクリップの割合が減る
ハイ	：設定したクリップ値を超えたものはクリップされ、設定値と同じ値になる
ハイソフト	：値を上げると、ハイライト値が圧縮されてクリップの割合が減る

✏️ コントロールポイント

カスタムカーブでは、カーブの上にマウスオーバーして任意の場所をクリックすることで、コントロールポイントが作成されます。作成されたコントロールポイントを動かすことで明るさの調整を行います。また、ビューアにマウスオーバーして、調整したい部分をクリックすることでも、カーブ上にポイントが作成されます。

カスタムカーブは「習うより慣れろ」の典型なので、早速触ってみましょう。ノードラベルに「Curve」と名付けておきましょう❶。まず、ブラックポイント❷とホワイトポイント❸を狭めて、コントラストを付けます。

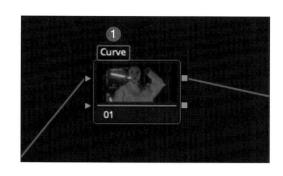

② ブラックポイントの少し上とホワイトポイントの少し下をクリックしてポイントを打ち、ポイントをドラッグして緩やかなSを描くようにカーブを作ります❶。

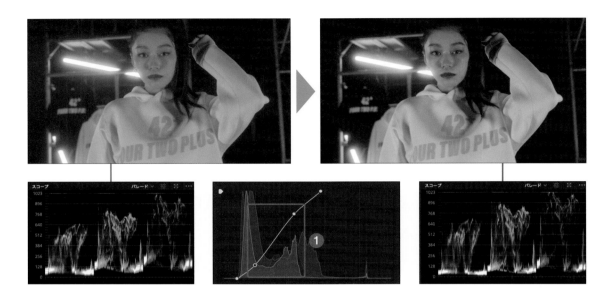

③ 暗所での撮影だったため、ノイズが出ているので、ノイズリダクションをかけます（ノイズリダクションはDaVinci Resolve Studio版のみ有効です）。ノイズリダクションは画面左下、プライマリーパレットの中の左から6番目の▦をクリックしで設定します❶。

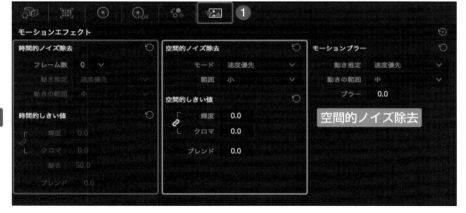

時間的ノイズ除去 ： イメージの前後0〜5フレームを参照したノイズ評価で処理

　　　　　　　　　 イメージの動きがない部分で優れた効果が得られる（動いている物体には効果が低い）

空間的ノイズ除去 ： フレーム内のノイズ評価で処理（処理は少し重くなる）

　　　　　　　　　 動きがある場合でもフレームのすべての部分でしきい値より下のノイズを低減する

④ ノイズはもともと素材に含まれているので、シリアルノードを前に追加して最初のノードでノイズリダクションをかけたいと思います。ノードには「NR」（ノイズリダクション）と名付けます❶。

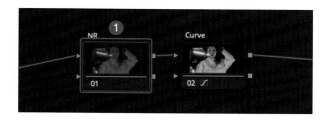

⑤ スタートポイントとしては「フレーム数を3」「動き推定を画質優先」にしてから、しきい値を上げて調整すると、きれいにノイズが消えます❶。ノイズリダクションをかけるとパソコンのスペックによっては再生が遅くなることがあります。その際は書き出すときにノードをオンにしましょう。

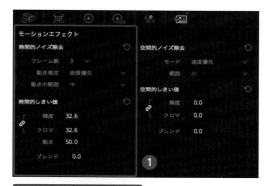

フレーム数：3
動き推定　：画質優先
時間的しきい値を調整

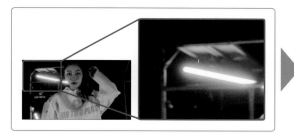

ノイズ除去なし

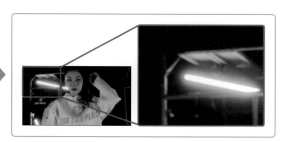

ノイズ除去あり

 ノイズリダクション

ノイズリダクションには、「時間的ノイズ除去」と「空間的ノイズ除去」があります。ノイズリダクションはノイズを消去する分、映像のディテールがなくなってしまう欠点がありますが、DaVinci Resolveのノイズリダクションはディテールを保ちながらもノイズを消してくれるのでとても便利です。まずは時間的ノイズ除去をかけて、効果が足りない場合は空間的ノイズ除去を組み合わせて使うとよいでしょう。

6

カラーページ

同じようにスチル保存
して、同シチュエー
ションのほかのクリッ
プに適用しましょう
❶。

⑦ ほかのクリップで明るすぎたり、暗すぎたりする場合は各クリップ02のノードでカーブ調整をします❶。

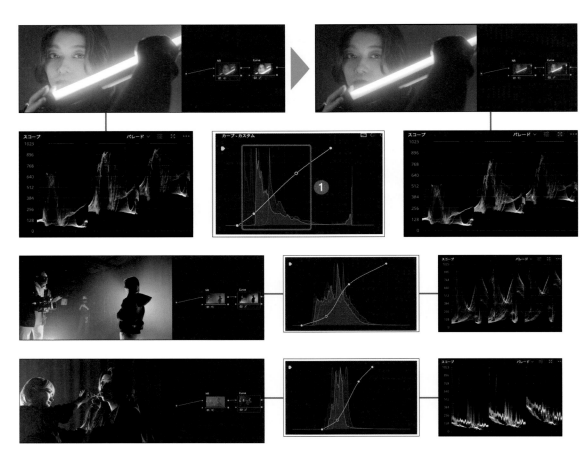

8 ファッションフィルムのクリップの調整が終わりました。同じような調整はカラーホイールのマスターホイール
やコントラスト・ピボットを調整してもできますが、こうした暗めのイメージの明るさとコントラスト調整をす
る際は、カスタムカーブが便利な場合もあります。

ミュージックビデオのシーン

ミュージックビデオのクリップは正攻法で「明るさ」「コ
ントラスト」「彩度」を調整したあとに、カーブの工夫で
フィルムのような画にします。ノードは事前に4つ作り、

左から「Exp」「Con」「Sat」「Look」と名付けて作業を決め
ておくことで、カラー迷子にならなくなります。

 マスターホイールで以下の画面のような数値で明るさ調整をします❶。

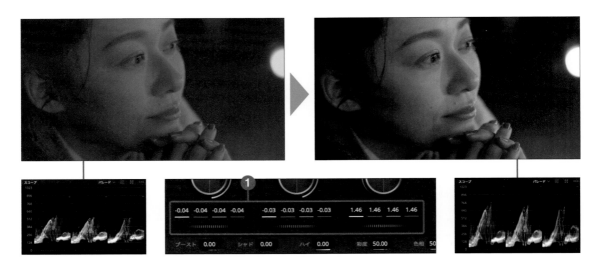

② 以下の画面のような数値でコントラスト調整をします❶。

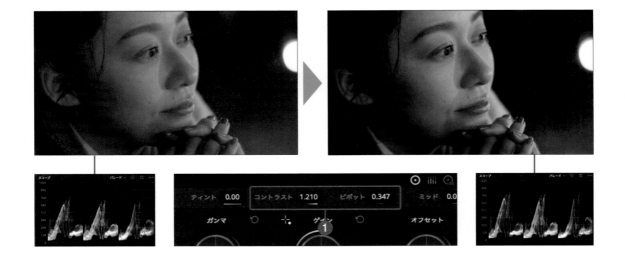

③ 以下の画面のような数値で彩度調整をします ❶。

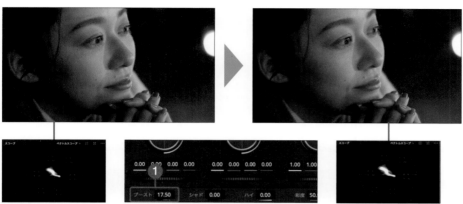

④ さて、ここが今回のポイントです。カスタムカーブを使ってフィルムルックに近づけてみます。カスタムカーブのYRGBの 🔗 をクリックして、YRGBをバラバラに弄れるようにします ❶。

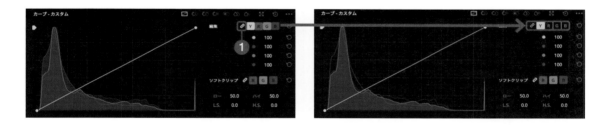

⑤ 「Y（輝度）」をクリックしてYのカーブに対してコントラストを付けます ❶。緩やかなS字カーブを作ります ❷。輝度でコントラストを付けると「パキっ」とした画になります。

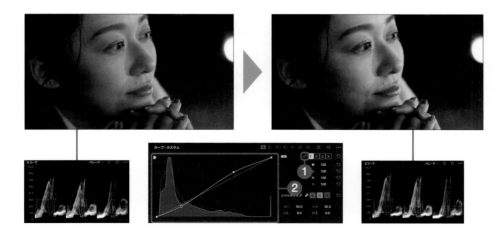

「R（赤）」をクリックしてRのカーブを調整します❶。まず中間にポイントを打ち、ブラックポイントと中間の間にポイントを作って少し下げます❷。暗部にシアンが乗ります。

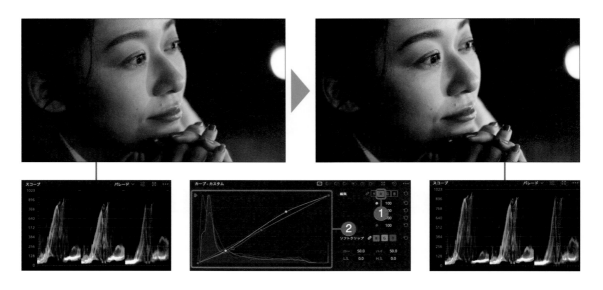

⑦ 「B（青）」をクリックしてBのカーブを調整します❶。中間にポイントを打ち、ホワイトポイントと中間の間にポイントを作って少し下げます❷。わずかですが明部にイエローが乗ります。

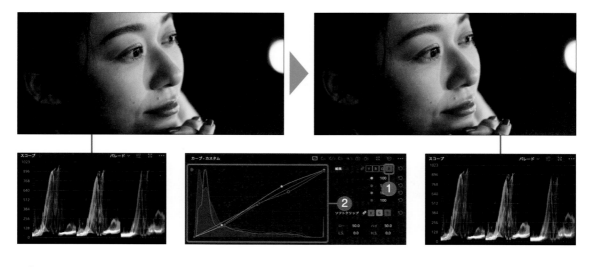

⑧ フィルムで撮影したような画面に近づきました。完成したところで同じようにスチル保存して、ほかのクリップに適用しましょう。

3つのクリップに対してグレードを適用したところ、オーバー（明るい）になってしまいました❶。同じシーンでもルックの基準となるカットを選ぶのには注意が必要ということです。同様に各クリップごとに明るさを修正します。「Exp」のノードを調整しましょう。

❶

 以下の画面のような数値でマスターホイールで明るさを修正しました❶。

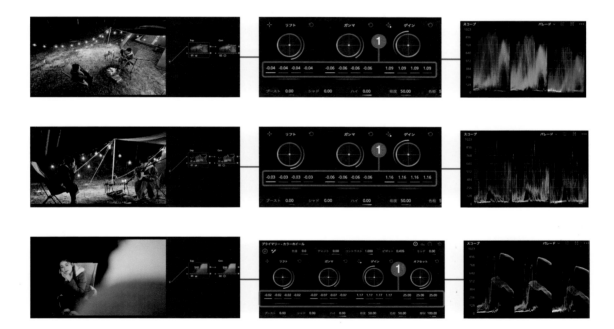

 BTSの同シチュエーションのクリップは筆者はそのままにしましたが、何か気になるなら明るさやコントラストを付けてもよいでしょう。

ビューティーの洗顔シーン

ビューティーフィルムの洗顔シーンのカラーを作成します。このクリップは「夜感」を出したいので、「明るさ」「コントラスト」「色温」を調整したあとに「Logホイール」で、明るさの細かい調整をします。少しノイズがあるので、いちばん最初のノードでノイズリダクションもかけます。

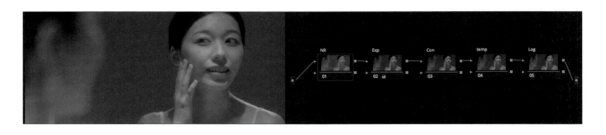

① マスターホイールで明るさ調整（ノード02）をします**❶**。

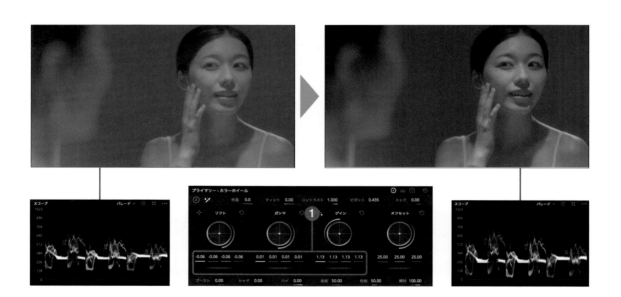

② コントラスト調整（ノード03）をします❶。

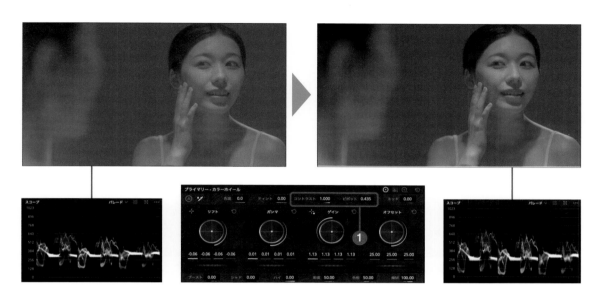

③ 以下の画面のような数値で色温・ティント調整（ノード04）をします❶。

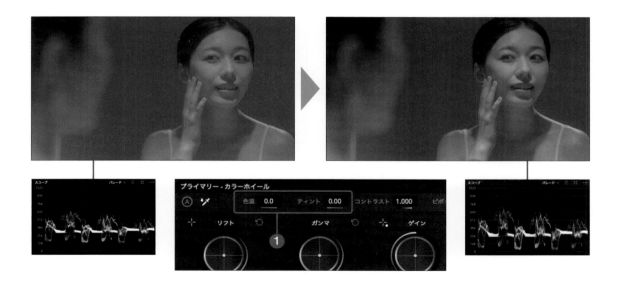

以下の画面のような数値でLogホイールで微調整（ノード05）をします❶。

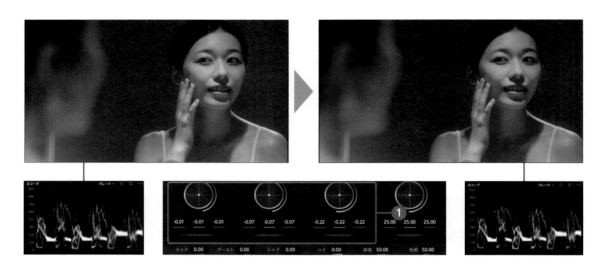

⑤ 以下の画面のような数値でノイズリダクション（ノード01）をします❶。

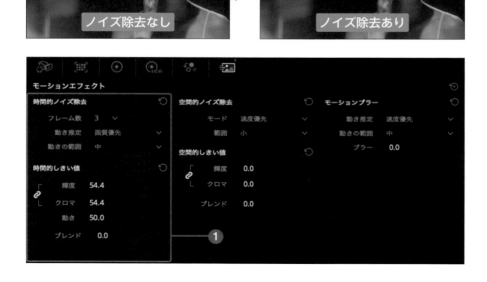

6 269ページ手順⑧と同様にスチル保存して、ほかの同一シチュエーションのクリップに適用、微調整します❶。

残りのビューティーのフィルムのシーン

1 残りのビューティーのシーン（イメージとBTS）のカラーを仕上げていきましょう。BTSのクリップ❶のほうは
LUTを当てて❷、それぞれ明るさの調整をかけていきます❸。

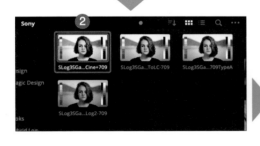

❸

手順①の残りのクリップにもLUTを当てて、明るさを調整します。

ラストのカットのカラー調整

ラスト2つのイメージカットのカラーです。最後だから というわけではありませんが、きれいに仕上げていきま す。まずはプライマリーから調整します。4つのシリア ルノードを作ってそれぞれ「Exp」「contrast」「sat」

「temp」と名付け、明るさ、コントラスト、彩度、ホワ イトバランスを調整します。それでは次のページから手 順を紹介します。

① 以下の画面のような数値で明るさのバランスを調整します❶。

② 以下の画面のような数値でコントラストを調整します❶。

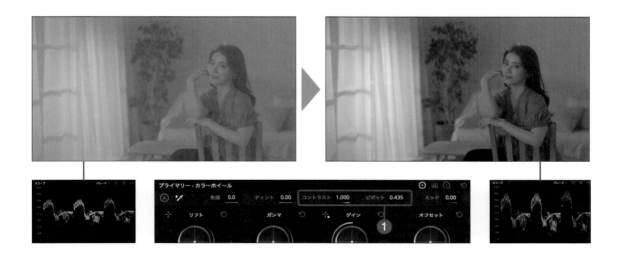

以下の画面のような数値でブーストを上げます❶。

④ 以下の画面のような数値でホワイトバランスを整えます❶。バランスは悪くないのですが、少し温かみを加えたいので黄色と緑方向へ調整します。

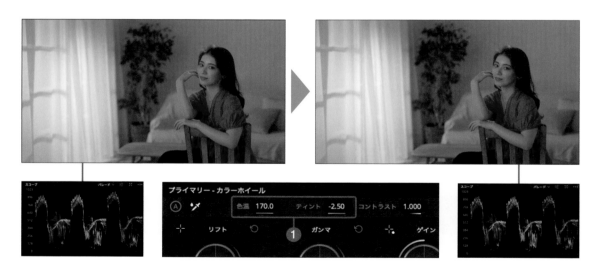

セカンダリグレーディング

① ここからセカンダリグレーディングに入っていきます。遥野さんの肌をきれいに整えて、この画をもっと立体的に、きれいに仕上げていきます。まず、肌だけに調整を加えたいので肌の色だけを分離、選択できる状態にします。シリアルノードを追加して「SKIN」と名付けます❶。センターパレットの「クオリファイアー-HSL」を使います。クオリファイアーパレットのスポイトアイコンがアクティブに、ビューア左下のOSCがクオリファイアーのアイコン（スポイト）になっている前提で、ビューアの上で遥野さんの顔の頬のあたりにドラッグします❷。

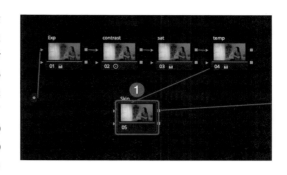

② 肌の色だけを選択（マスク）します（カラーマスク）。ドラッグしたらビューアをハイライトモードで確認します。ピッカーでドラッグしたポイントのHSL（色相・彩度・輝度）をベースに、クオリファイアー（分離）された情報がカラーで表示されています。これを肌だけが選択できるように、クオリファイアーパレットで調整していきます❶。

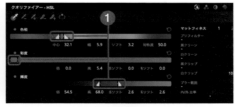
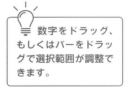

数字をドラッグ、もしくはバーをドラッグで選択範囲が調整できます。

マットフィネス

パラメーターで追い込めないものは「マットフィネス」を使用して調整します。マットフィネスを使うことで、クオリファイアーをさらに細かく微調整することができます。

マットフィネスの項目	効果
プレフィルター	色をサンプリングする前にイメージをクリーンアップします。かけすぎると逆効果の場合もあります。
黒クリーン	イメージの分離に含めたくない部分を除外する機能です（抜けていない部分を埋めるイメージ）。
黒クリップ	上げるとリフト調整が適用され、マットの半透明の部分(グレーに見える部分)がブラック（キーが抜けていない状態）になります。
白クリーン	キーのホワイト部分にあるノイズ部分を除去し、イメージの分離に含めたい部分を追加する機能です。
白クリップ	数値を下げると半透明の部分がホワイトになります（キーに加わる）。
ブラー範囲	作成したキーの境界をぼかすことができます。
ノイズ除去	ここで言う「ノイズ」は映像由来のノイズという意味ではなく、キーの抜けきれなかった細かい部分のノイズのことを示します。抽出されたキーの後処理で、キーのノイズを選択的に低減し、キーに含めたくない部分を取り除いたり、マットの穴をソフトに埋めたりします。かけすぎると逆効果の場合もあるので、細かく確認しながら使いましょう。
シャドウ	元画像の暗い部分を基準にキーの強さを調整できます。100を基準値にマイナス方向で暗い部分をキーから除外し、プラス方向でキーを追加します（直下のミッドトーン・ハイライトも機能は共通）。
ポストフィルター	元画像を参照しながらキーの最終クリーンアップを行います。シャープなエッジや髪の毛などの細かいディテールを復活させるのに有効です。

3 マスクした肌の輝度を調整して、明るく色白にします❶。コントラストも少し付けます❷。

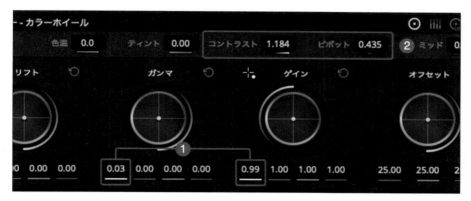

4 肌をもう少しツルツルにしたいと思います。シリアルノードを追加して「MD」と名付けましょう。ミッドトーンディテール（MD）という項目を使うと中間の領域を中心にディテールの調整（ボカしたり、シャープにしたり）できます。普通にかけると全体的にボヤっとしてしまいます。肌だけに効果をかけたいのですが、先ほどのクオリファイアーを2度やるのは面倒です。そこで、マスクの情報を次のノードに出力することで二度手間が防げます。Skinのノードの後ろ四角の青からMDのノードの三角の印へとドラッグして結びます❶。アルファの出力といって、前段のノードのクオリファイアー情報が次のノードへ出力されます❷。便利ですので覚えておいてください。

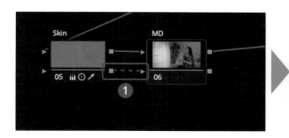 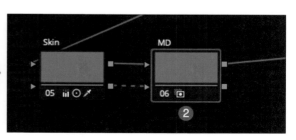

💡 ミッドトーンディテールとは、明瞭度の調整のことを指します。肌の質感を整えるときなどに使用します。

💡 アルファの出力とは、設定したクオリファイアー情報を次のノードに出力することです。

⑤ プライマリーパレットの「ミッド (MD)」というパラメーターをマイナス方向へ調整します**❶**。ディティールが柔らかく変化していきます。女性に使うと柔らかい印象に。男性に使うと円熟味が増す印象になります。かけすぎは極端になってしまうので注意です。

⑥ 照明効果を追加します。窓からの光がもう少し強いほうがよいので、Power Windowを使って照明効果を足します。シリアルノードを追加して「Light」と名付けます**❶**。ウィンドウ**❷**の□をクリックします**❸**。

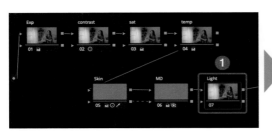

⑦ ビューア上にグラデーションツールが表示されます。矢印をドラッグすることで範囲が広がり、グラデーションシェイプを調整できます**❶**。ハイライトモードで確認するとわかりやすいです。画面左上から右下にかけてグラデーションになるように設定します**❷**。

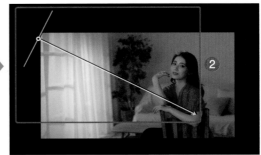

グラデーションで範囲が限定されました❶。この部分の明るさを上げることで、あたかも窓から差し込む光を表現したいと思います。ガンマとゲインのマスターホイールを上げ❷、明るくし、色温をマイナス方向へ（青く）して朝の光の感じを演出します❸。

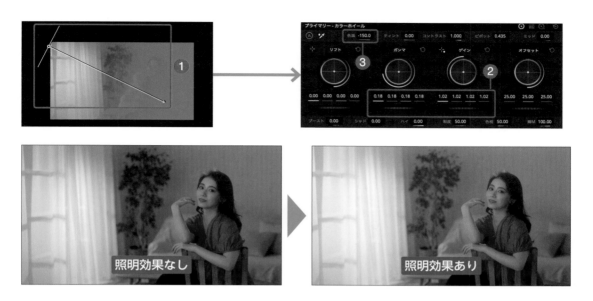

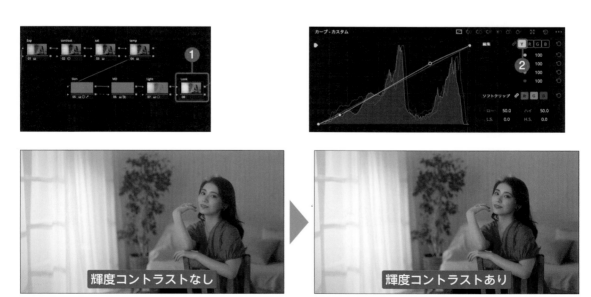 輝度コントラストを付けて仕上げをします。最後にシリアルノードを追加して「Look」と名付けます❶。輝度コントラスト（Yだけでカーブを作る）で画を締めて完成です。カスタムカーブのギャング（鎖のアイコン）を外して、Yのカーブだけを調整します❷。

(10) 画がパキっと締まりました。これを最後のクリップにコピーします。スチル保存しても構いませんが、クリップサムネイルでコピー＆ペーストします**①**。

(11) 同じカラーグレーディング情報が適用されました。これで映像が完成です。

(12) 映像の書き出しをします。デリバーページかクイックエクスポートで映像を書き出しましょう。書き出したら確認をして、問題なければ、これで終了です。

Appendix

知っていると役に立つDaVinci Resolveの機能

Appendixでは、DaVinci Resolveをさらに便利に活用するために、役に立つ機能を紹介します。使いこなすことで、効率よく動画編集を行うことができるようになるでしょう。

メディアの再リンクをしよう

メディアプールに読み込まれたときと元素材の置いた場所が変わってしまうと、オフライン（リンクが失われた状態）になってしまいます。その場合「メディアの再接続」（再リンク）が必要になります。

メディアの再リンクを行う

DaVinci Resolve上での素材の扱いは「リンクファイル」形式になっています。元素材の置き場をブラウズ、紐付けしたリンクファイルを作成し、利用する際はリンクを参照してアクセスをしています。しかし、メディアプー

ルに読み込んだ素材を保存しておいたファイルを移動してしまうと、紐付けができなくなり、オフラインとなります。これを解決する方法を確認しましょう。

① ここでは例として、デスクトップにあった元素材「EDIT_BOOK_03」のフォルダを書類のフォルダに移動します❶。

② 素材はリンクを失い、メディアプールに読み込んだ素材がすべてオフラインになってしまいます❶。

③ 素材とのリンクが切れるとメディアプールの左上のアイコンが のように赤くなります。 をクリックします❶。

④ ［場所を特定］をクリックして❶、手順①で素材を移動した新しい場所を指定します。

⑤ 再リンクが行われ、もとに戻ります。なにより事前に元素材の位置を常に整理・把握しておくことが大切です。

キーボードショートカットの
カスタマイズ

本書でいくつかショートカットキーを使って編集を学んできましたが、
キーボードのショートカットは自分の好みにカスタマイズが可能です。

ショートカットをカスタマイズする

① メニューバーの [DaVinci Resolve] をク
リックして❶、[キーボードのカスタマ
イズ] をクリックします❷。

② 別のウィンドウで画面が表示されます。
▼をクリックします❶。

③ AdobeのPremiere ProやAppleのFinal
Cut Proのショートカットを模したプリ
セットも用意されています。

ここでショートカットを設定して、保存して自分のプリセットを保存、書き出しすることができます。設定し保存する場合は、右下のコマンドで設定したいコマンドにキーストロークを割り当てて❶、[保存]をクリックしましょう❷。筆者は自分のプリセットをクラウドに保存しておいて、他者のパソコンなどを操作するときに読み込んで、自分の環境を再現しています。

プリセットデータを読み込む

今回、参考程度に筆者の「鈴木式ショートカット」のプリセットデータをプレゼントします。プリセットを読み込んでみましょう(4ページを参考にあらかじめダウンロードしてください)。

 296ページ手順②の画面を表示して、画面右上の■■をクリックします❶。

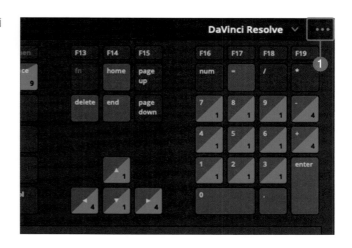

② ［プリセットの読み込み］をクリックします❶。

③ ［鈴木式 DaVinc Shorcut.txt］のプリセットを選択して❶、［開く］をクリックします❷。

④ プリセットが読み込まれました。最後に［保存］をクリックすることで適用されます❶。

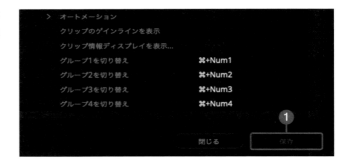

鈴木式ショートカットについて

鈴木式ショートカットは、ノンリニア編集ソフトを使い始めてからずっとカスタムして使っているもので、極力右手はマウスを離さず左手メインで編集操作をできるようにしたものになっています（右表参照）。今までデフォルトのショートカットで学ばれてきた方にいきなり利用してみてくださいというのは酷な話かもしれませんが、

何かのタイミングで一度使っていただければ、おそらく二度ともとには戻れないと思います。ぜひ一度使ってみてください。もちろんこれを基準にみなさんの好みのカスタマイズをするのもよいでしょう。楽しく編集をしてください。

鈴木式ショートカット（一部デフォルト）

内容	ショートカットキー	覚えかた
編集モード：選択	A	（基本のA）
編集モード：トリム	T	（TrimのT）
編集モード：ブレード	B	（BladeのB）
再生ヘッドの位置でクリップ分割	C	（CutのC）
消去/リップル消去	D / Delete	（DeleteのD）
スナップのオン／オフ （再生ヘッドがクリップにくっつく）	S	（SnapのS）
ビデオとオーディオのリンク解除	G	（GangのG）
クリップの表示オン／オフ	V	（VisualizeのV）
クリップを上のトラックに配置	Q	（くっつくのQ）
クリップを挿入	W	（割り込むのW）
クリップを末尾に追加	E	（Endに入れるのE）
逆再生・一時停止・順再生	J / K / L ※一時停止・再生なら Space キー	
クリップの前後の入れ替え	Shift + ⌘ + , or . （前後）	
再生ヘッドより前のクリップを消去	「	
再生ヘッドより後ろのクリップを消去	」	
再生ヘッドより前のクリップを前選択	Shift + ⌘ + ←	
再生ヘッドより後ろのクリップを前選択	Shift + ⌘ + →	
タイムラインの全体表示	Shift + Z	
タイムラインの先頭／最後に移動	Fn + ← / Fn + →	
クリップをトラックの上／下に移動	option + ↑ / ↓	
フリーズフレームを作成	Shift + ⌘ + F	

※Windowsの場合
⌘ → Ctrl
option → Alt

知っていると役に立つDaVinci Resolveの機能

索引

おわりに

本書を最後まで読んでいただき、ありがとうございました。いかがでしたでしょうか？
ページの都合上、どうしてもカットせざるを得ない部分もあったのですが、大枠、編集について必要なことはお伝えできたかと思います。

みなさんがどういうタイミングでこの本を手にしているのかわかりませんが、「興味ある」から始めた方には「編集って楽しい」に、「楽しい」から始めた方には「編集が好き」に、「好き」から始めた方には「映像制作を仕事にしたい」と思っていただいていればDaVinci Resolve認定トレーナーとして嬉しいです。

合わせて、撮影素材がとても大切だということ、本書を通じて「撮影」に必要な素材や撮影時に気を付けること、きちんと「現場で収録」することの重要性にも気づいていただけておりましたら幸いです。

本書を手に取ってくださり、ありがとうございました。何かの機会にみなさんにお会いできることを楽しみにしています。
また、本書の映像素材制作にあたり、出演していただいた遥野さん、作曲をしていただいた三島さんを筆頭に関係各所の皆様のご協力に心から感謝します。

鈴木　佑介